我的自然笔记

植物的秘密法宝

芮东莉　吕永林◎主编　叶建周　王玉娟◎著绘

湖南少年儿童出版社
HUNAN JUVENILE & CHILDREN'S PUBLISHING HOUSE
小博集
·长沙·

图书在版编目（CIP）数据

我的自然笔记. 植物的秘密法宝 / 芮东莉, 吕永林主编 ; 叶建周, 王玉娟著绘. -- 长沙 : 湖南少年儿童出版社, 2024.8. -- ISBN 978-7-5562-7722-3

Ⅰ. Z228.1; Q94-49

中国国家版本馆CIP数据核字第2024YU4161号

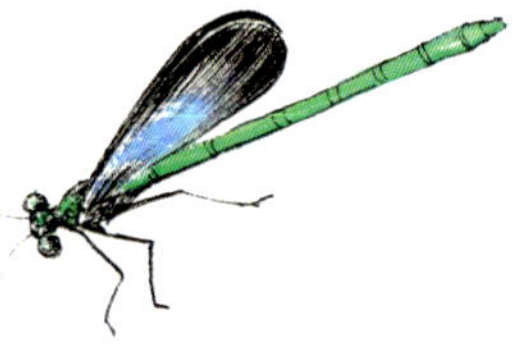

WO DE ZIRAN BIJI ZHIWU DE MIMI FABAO

我的自然笔记　植物的秘密法宝

芮东莉　吕永林　主编　叶建周　王玉娟　著绘

责任编辑：张　新　李　炜
策划编辑：蔡文婷
营销编辑：付　佳　杨　朔　苗秀花
策划出品：李　炜　张苗苗
特约编辑：张丽静
装帧设计：霍雨佳

出 版 人：刘星保
出　　版：湖南少年儿童出版社
地　　址：湖南省长沙市晚报大道89号
邮　　编：410016
电　　话：0731-82196320
常年法律顾问：湖南崇民律师事务所　柳成柱律师
经　　销：新华书店
开　　本：889 mm × 1194 mm　1/16
印　　刷：河北尚唐印刷包装有限公司
字　　数：80千字
印　　张：3.5
版　　次：2024年8月第1版
印　　次：2024年8月第1次印刷
书　　号：ISBN 978-7-5562-7722-3
定　　价：32.00元

若有质量问题，请致电质量监督电话：010-59096394　团购电话：010-59320018

2019年国庆节，羊妈、羊仔和我回福建省周宁县的老家探亲。

在我心中，每次回故乡，不仅是回到家人的身边，也是回到久别的山野田园、自然万物的身边。这一次，在田间、山里，我们邂逅了许多神奇的植物，它们怀揣法宝，向我们展示着不可思议的生命奇迹……

诡计多端的稗草

一到家，放下行李，我就带着羊仔和羊妈奔向了田野。

那是一片刚收割完的水稻田！齐齐的稻茬，浅浅的水，水面之上，倒映着农人的身影和天空中的流云。儿时在这片稻田里，我和小伙伴每日打野战、挖泥鳅、捡田螺；卖麦芽糖的阿姨敲着小锤来往于田间，人们用稻谷支付糖钱，那是稻田里最甜蜜的事。

- 2019 年 10 月 2 日
- 晴 18 ～ 29 ℃

福建省周宁县端源村东洋溪畔。

垛在田边的稻草堆，是孩子们翻滚、挖陷阱、躲猫猫的好去处

今天，我们正好赶上邻居家的秋收。金色的稻粒在脱谷机里蹦蹦跳跳，顺着导管落入谷袋。我把手放在出谷口，感受着稻粒在手心蹦跳的喜悦。羊仔不敢学我，只是小心地用手指拨落我掌心的稻粒。

忽然，一粒红褐色的小果实被羊仔截住，它的与众不同激起了羊仔的兴趣。

一颗微小的稗粒混杂在金色的稻粒中，不仔细看，还真不容易发现

“真厉害！这么狡猾的小东西都被你找到了！”我夸奖道。

“爸爸，它真的很狡猾吗？”羊仔好奇地问。

“瞧，”我指着不远处一片尚未收割的水稻田，“田里有株长着红色果穗的小草，就是它！稗草。”

“别看稗草个子不高，本领可不小！你想见识一下它的秘密法宝吗？”我故作神秘地说。羊仔使劲点了点头。

法宝之一：多功能的芒

我从稻田里折下一截稗草穗，放在掌心，羊仔一下子就发现了果穗上长长的芒。这细而长的芒，是小时候最让我们烦心的事物之一，它总是钻进衣服里，把我们的皮肤刺得又疼又痒。然而对稗草来说，这针一样的芒，却有着极其重要的作用。

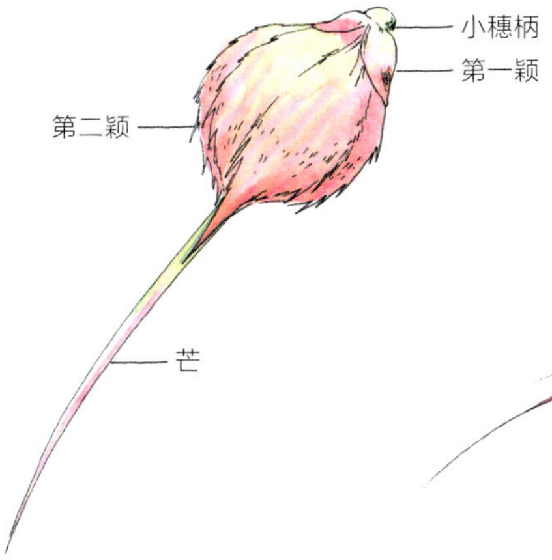

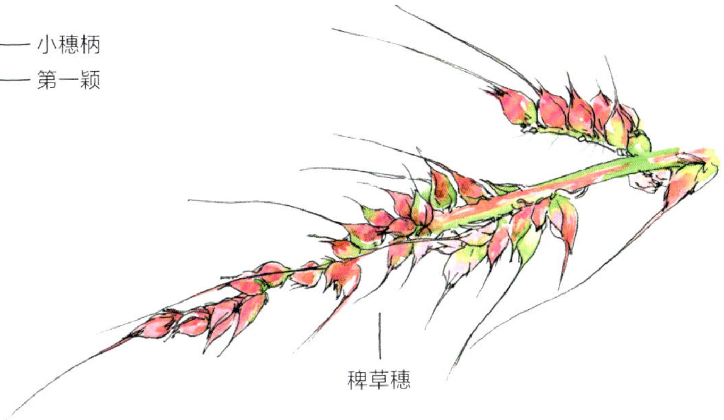

芒的第一个作用：跟着人或动物去远行

稗草妈妈像所有的植物妈妈一样，希望把孩子送到更广阔的天地去安家。这又长又尖的芒，正是稗草妈妈送给孩子的秘密法宝。当人或动物经过时，芒就扎进衣服或毛皮里，带着小果实去往远方，建立新的家园。

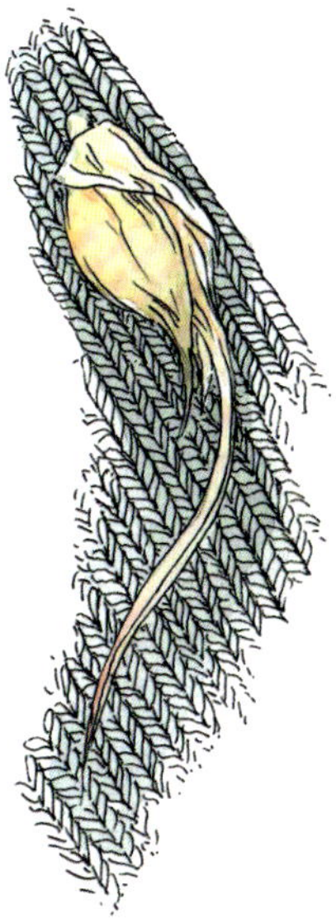

我和羊仔的运动鞋很受稗草欢迎，芒很容易就能扎进鞋面上的纤维缝隙里

芒的第二个作用：帮助成熟的小果穗快速脱落

稗草在生长过程中会和水稻抢夺养分，农民总是想方设法要将它们清理干净。然而稗草却不认输，死掉一茬，又长一茬。这超强的生命力，离不开芒的帮助。

我和羊仔在田边做起了小实验。用衣服轻轻一碰，或是用稻秆轻微钩挂，稗草的小果穗就扑簌簌掉落了下来。稗草的小穗柄极短，当芒钩挂在衣服或植物纤维上时，它就会利用杠杆原理带动小穗柄与主穗轴分开，使小果穗脱落下来。

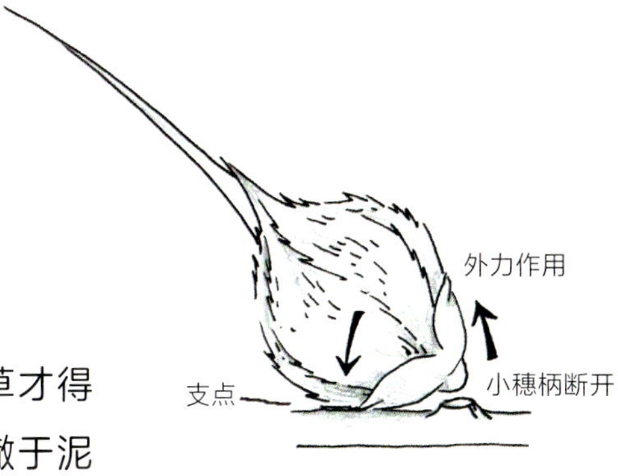

略一成熟就极速脱落——正是依靠这独特的本领，稗草才得以逃脱农人的一次次“追剿”，将成千上万的种子快速播撒于泥土之中，伺机萌芽。

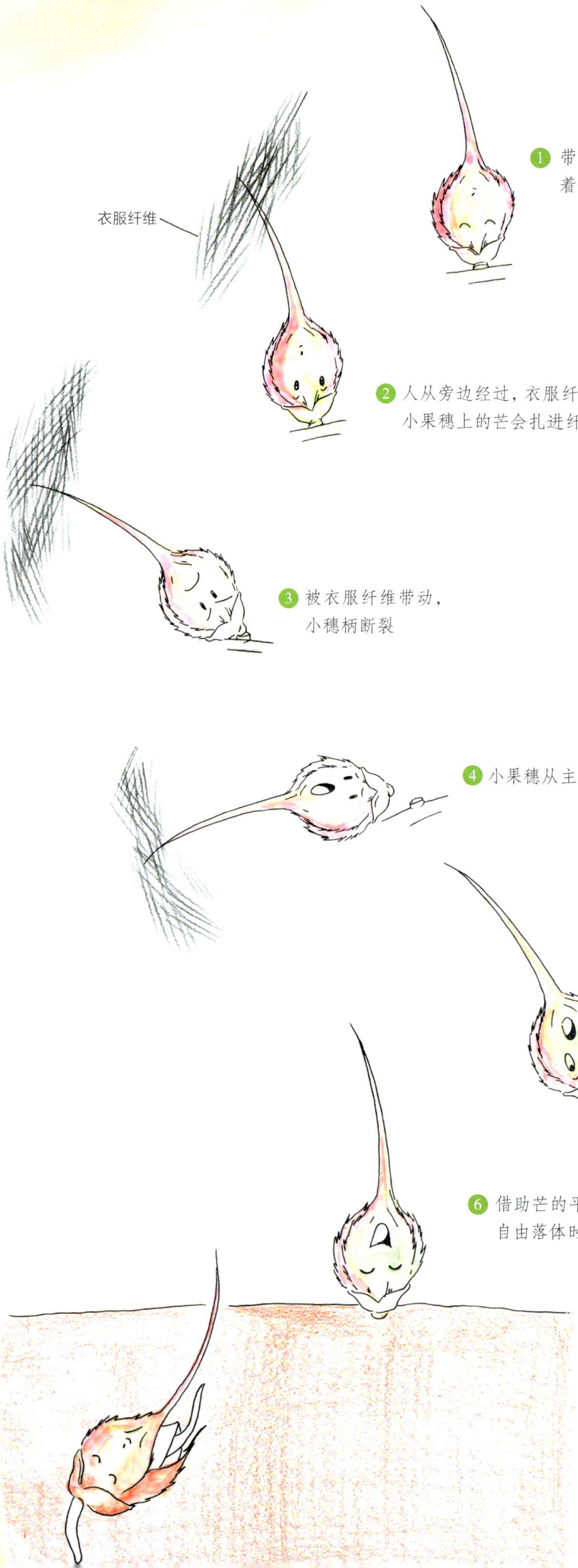

1 带着稗草种子的小果穗着长在主穗轴上

2 人从旁边经过，衣服纤维刮擦到小果穗，小果穗上的芒会扎进纤维里

3 被衣服纤维带动，小穗柄断裂

4 小果穗从主穗轴上脱落下来

5 小果穗朝土壤表面下落

6 借助芒的平衡作用和自身的重量，小果穗自由落体时，小穗柄一端最先着地

7 春天，小果穗的小穗柄一端长出了根，芽突破坚硬的外壳，破土而出

与稗草相比，水稻的“自我播种”能力要逊色很多。水稻的小穗柄很长，在外力作用下总是左右摇摆，没有芒的帮助，它无法利用杠杆原理轻易脱落。因此，采收完稻穗，人们还要借助脱谷机来使谷粒脱落。

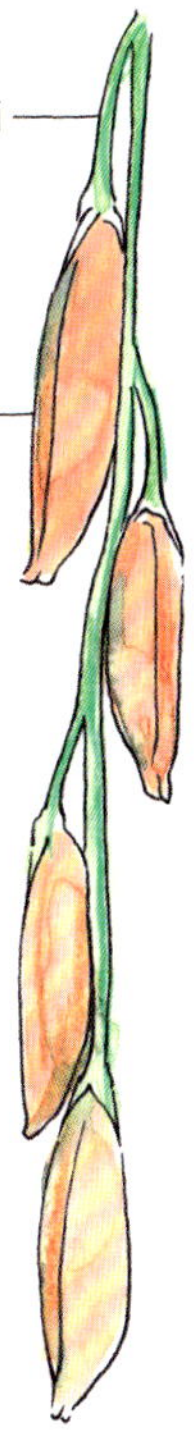

由于无芒的稻粒便于收集和储存，人类更倾向于选育无芒的水稻品种

芒的第三个作用：帮助小果穗进行“自我掩埋”

落到稻田里的稗草小果穗，晚上“喝足水”后，在重力的作用下会往下沉，下沉过程中，小果穗上的芒和颖就像小爪子一样，牢牢抓住周围的泥土。到了白天，水汽蒸发，“小爪子们”又会松开手指。当夜晚再次来临，吸饱水的小果穗又开始下沉，芒和颖会再次抓牢身边的泥土。如此昼夜交替，带着稗草种子的小果穗就慢慢地钻进了泥土里。

听完我的讲述，羊仔半信半疑。回到家，我拿出了放大镜。直到目睹了芒和颖上密布的疣基刺毛，羊仔这才相信，原来世界上还有这么奇妙的事情。

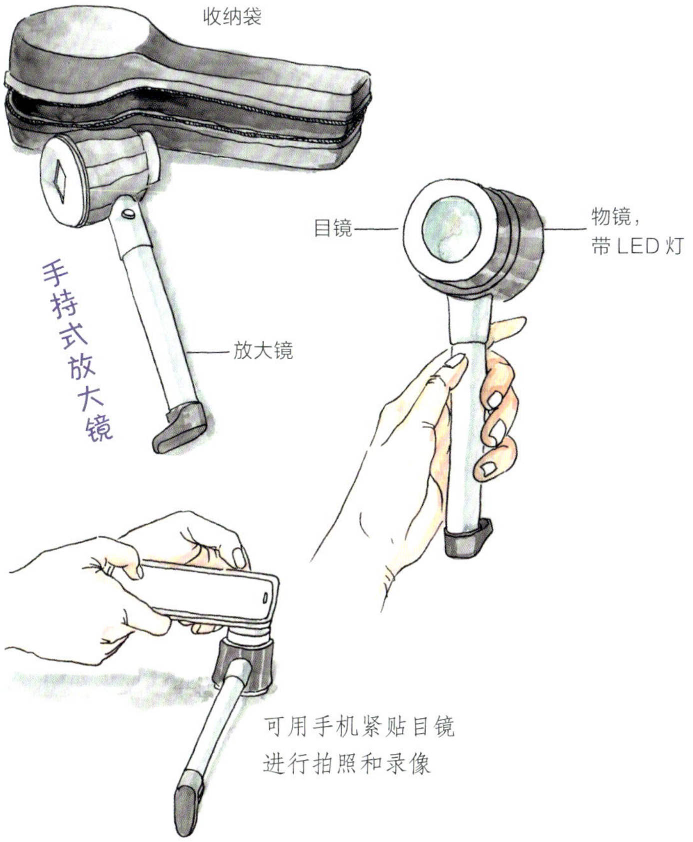

可用手机紧贴目镜进行拍照和录像

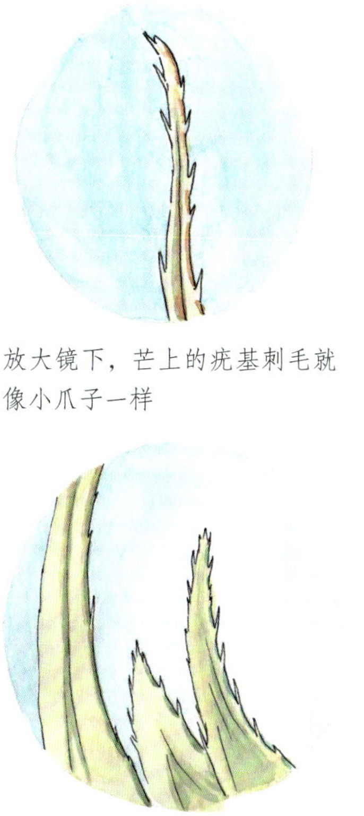

放大镜下，芒上的疣基刺毛就像小爪子一样

放大镜下，第二颖上的疣基刺毛。带着刺毛的颖也像小爪子

第二年春天，我们做了一个育种实验。一开始，我担心网购来的稗粒被商家除去了芒，仅凭小果穗颖上的疣基刺毛，无法成功钻进泥土里。然而，实验证明，这些“小爪子”的威力足够强大——撒在泥土表面的稗粒，全部钻进了土里；而撒在泥土表面的稻粒，并没有往土里钻。

工具材料准备

老家寄来的稻粒

网上买的稗粒

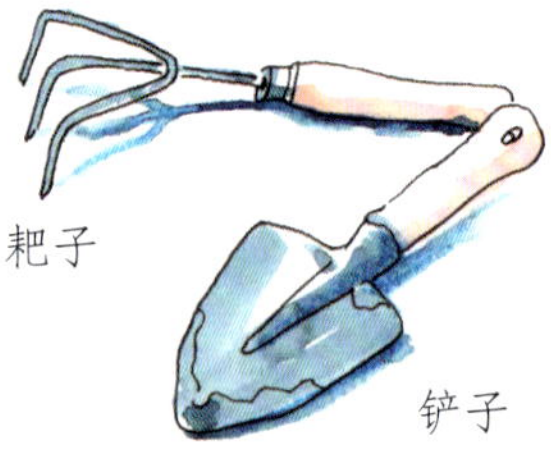

耙子

铲子

水瓢

两个塑料盆

- 2020 年 4 月 26 日
- 多云 14 ~ 22 ℃

上海市宝山区家中，我们用撒播法，把这些种子种在了阳光房废弃的塑料盆里。

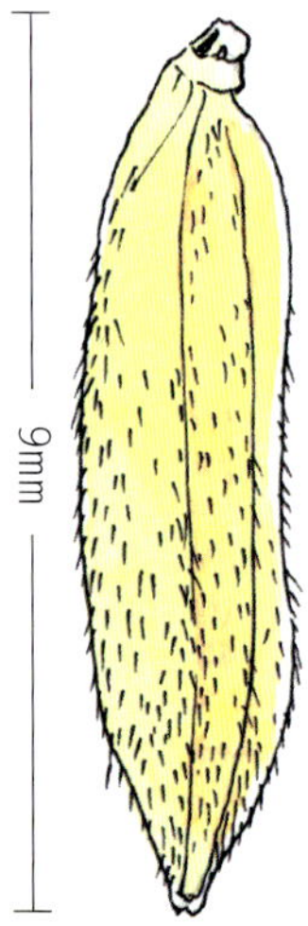

重 0.025 克
老家寄来的稻粒

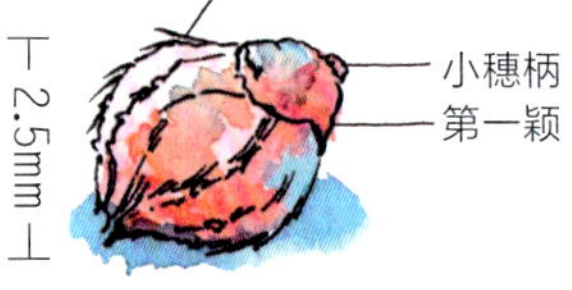

重 0.005 克
网上买的稗粒

育种实验

1. 将土壤放进育种盆，耙松

2. 给土壤浇水，搅拌成泥浆状

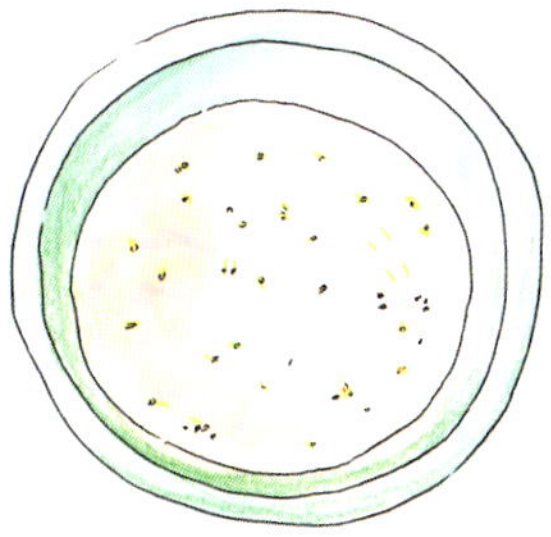

3. 把稻种和稗种分别撒进两个盆中

- 2020 年 4 月 30 日
- 多云 22 ~ 30 ℃

播种后的第四天，塑料盆里的稗粒和稻粒发芽了！

稻粒仍然躺在土壤表面，根和芽多数横向生长，看起来乱七八糟的。根和芽的长度也差不多，不太容易区分

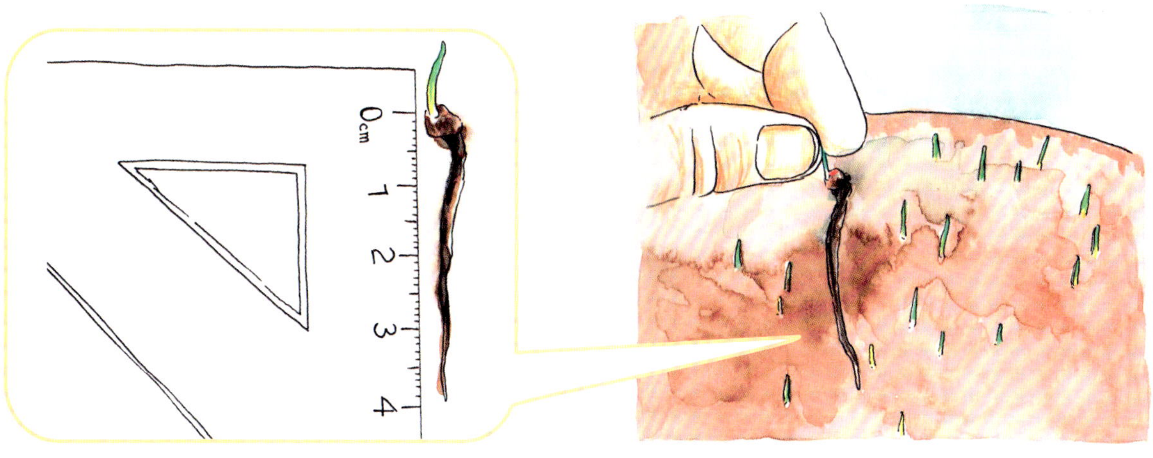

稗粒不见了！细细的稗草芽像钢针一样，直立于土壤表面。将它拔起来观察发现，稗草的根极长，垂直向下生长

稗粒之所以能一个劲地往土里钻，除了“小爪子”的帮忙，笔直向下生长的根也起到了一定的作用。

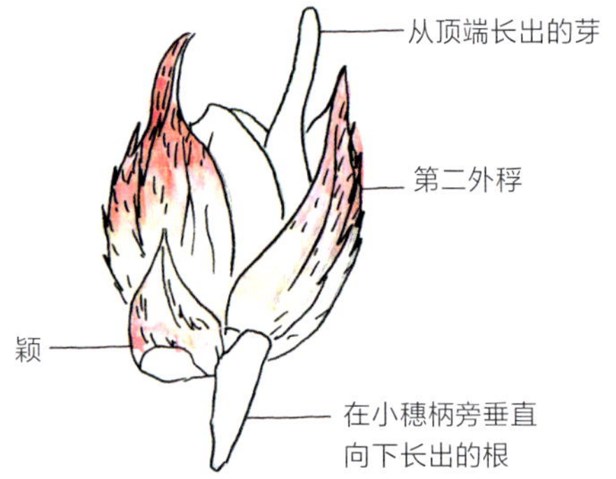

稗粒的根和芽

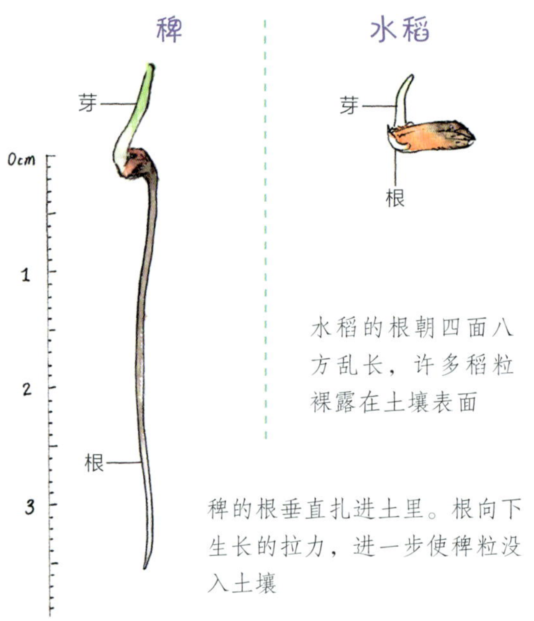

法宝之二：超强伪装术

金秋时节的稻田里，水稻和稗草高低有别，姿态各异，非常容易区分。然而，在抽穗以前，稗草能施展它强大的伪装术，假扮成水稻的模样，让人难以识破它的真身。

在稗粒的“自我掩埋”实验中，我额外增加了一项任务：观察稗粒和稻粒从发芽那天开始的异同。

播种后的第四天，稗粒和稻粒都吐出白嫩的芽，单从芽的外观，很难将它们区分开来。

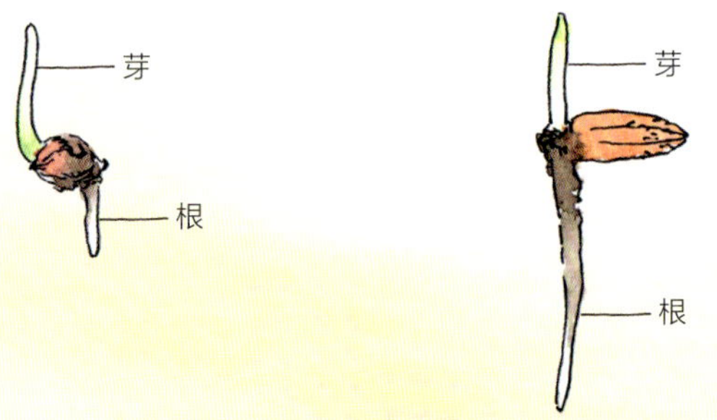

两周过后，尽管稗草和水稻都长高了不少，但从外观上看，它们仍然难以区分。只有仔细地分辨，甚至要利用放大镜，才能从二者的叶片上看出差别。

播种两周后的对比观察

- 2020 年 5 月 10 日
- 小雨 18 ~ 24 ℃

两周过后，水稻和稗苗都长成了挺拔的小苗。

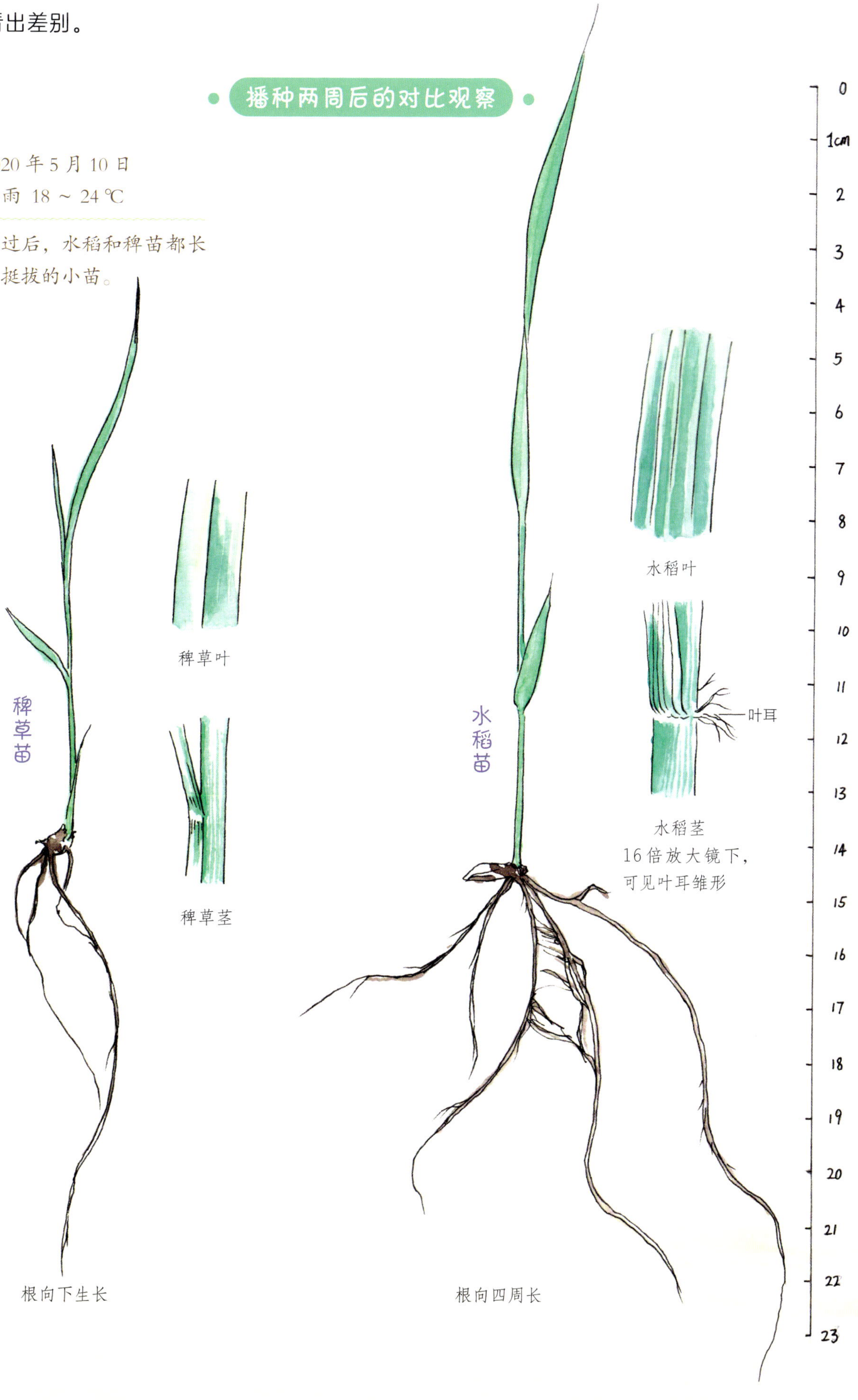

抽穗前两种植物叶片对比

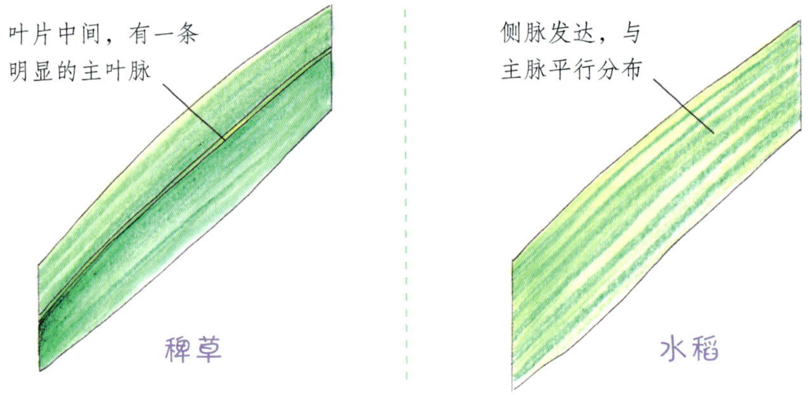

狡猾的稗草通过伪装，潜伏于水稻丛中，躲过农人一次次的围追堵截，悄悄步入成熟期。一旦开始抽穗，稗草就显露出了真面目。它们会抓紧时间结出饱满的果实，然后在农民们还没来得及除草时，就让刚刚成熟的小果穗快速掉落到地面，躲进泥土里，伺机发芽。

不过，也有运气不佳的稗粒。它们落入了谷袋中，试图躲在稻谷堆里蒙混过关，结果一进风车，风一吹，个头小、重量轻的稗粒就被分离出去了。最终这些“伪装者”被人丢进炉膛，化为灰烬。

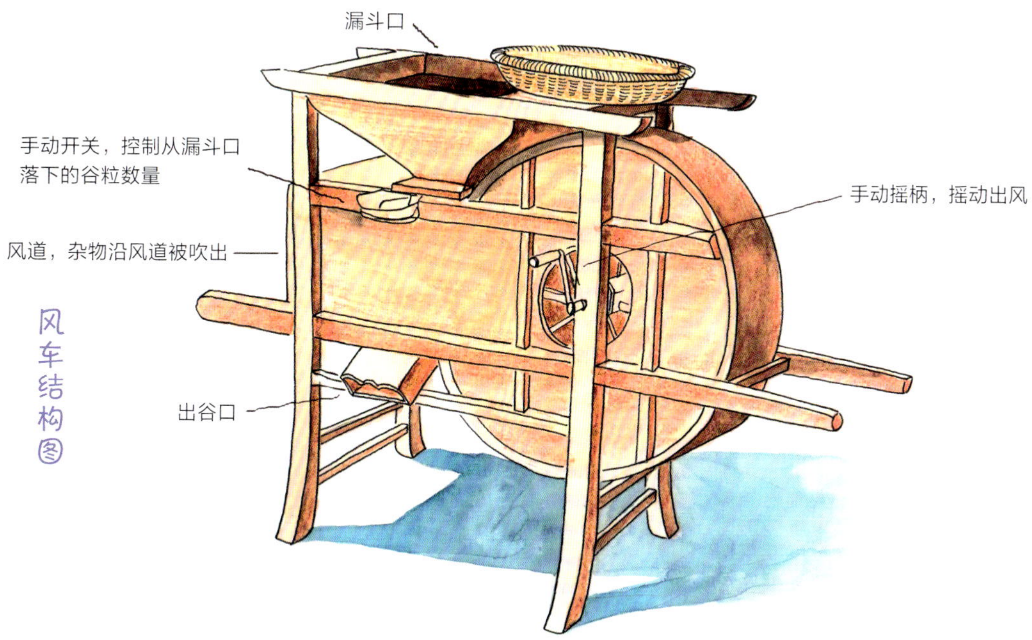

风车结构图

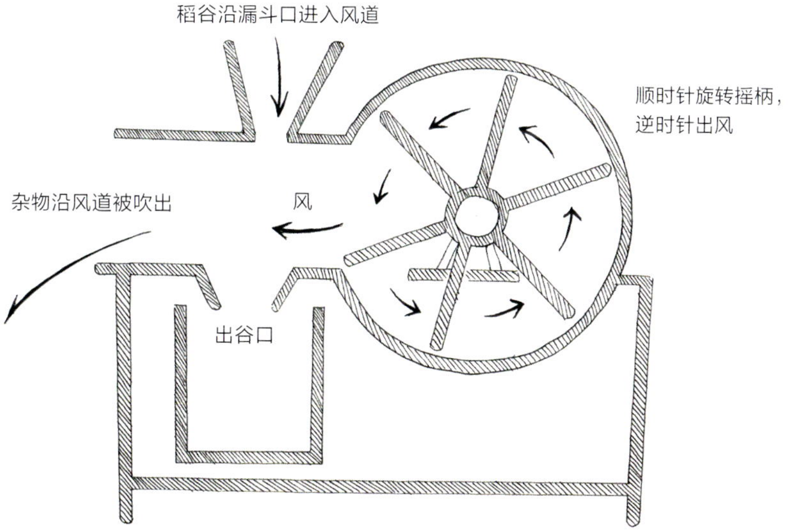

风车工作原理示意图

法宝之三：多子多孙

稗草在和水稻竞争，以及与农民斗智斗勇的过程中，逐渐进化出了一项非凡的本领，那就是“多子多孙”。如果不能以力量取胜，那就以数量取胜吧！

稗草不但单支果穗上果实的数量是水稻的 5 倍以上，而且能够从主茎的基部分蘖（niè），也就是会长出多个分枝，每个分枝上再长出果穗。这样一来，一株稗草上的果实数量，就比一株水稻上的果实数量多出了数十倍。

果实数量对比

我和羊仔在阳光房中开始了一个新的小实验。我们统计了常温下稻粒和稗粒的发芽率，并采用冰冻法，观察它们在极端天气下的发芽情况。

- 2020 年 5 月 2 日
- 阴转晴 22 ~ 29 ℃

我们在 6 个塑料盆里分别撒上了未经冰冻和经过冰冻的稻粒和稗粒。

100 颗稻粒和 100 颗稗粒发芽情况对比

	常温下发芽数量	-18 ℃冰冻 1 周后发芽数量	-24 ℃冰冻 1 周后发芽数量
100 颗稻粒	61 粒	64 粒	91 粒
100 颗稗粒	61 粒	59 粒	48 粒

我们发现，水稻是个名副其实的“耐冻王”，气温下降非但没有降低它的发芽率，反而起到了催芽的作用。因此，从应对极寒天气的角度来说，水稻种子比稗草种子的生命力的确要强很多。

然而，一旦稗草拿出它的秘密法宝——“多子多孙”，水稻就立刻败下阵来。稗草单支果穗上的果实数量是水稻的 5 倍以上，即使水稻的发芽本领再强，也敌不过稗草的“人多势众”。

1 支稻穗和 1 支稗穗上种子的发芽情况对比（据上表推算）

	常温下发芽数量	-18 ℃冰冻 1 周后发芽数量	-24 ℃冰冻 1 周后发芽数量
1 支稻穗（100 颗稻粒）	61 粒	64 粒	91 粒
1 支稗穗（500 颗稗粒）	61×5 = 305 粒	59×5 = 295 粒	48×5 = 240 粒

法宝之四：坚挺顽强的茎秆

走在田埂上，我们脚下有数不清的稗草，即使每天遭受人们的践踏，它们仍会挺起身，抬起头来。

● 2019 年 10 月 2 日
● 晴 23 ℃

福建省周宁县端源村田间。

下午 3 点多，田埂上被我们踩倒的稗草，到了黄昏时，我们原路返回，我发现，它们已经慢慢挺起身来！

难道稗草拥有奇特的法宝，让它们能够承受强大的压力？我们感到十分好奇。羊仔拔起一根稗草茎秆，我们仔细观察后发现，在折断处，隐约有一些类似海绵状的物质。

为了看得更清楚一些，我将稗草茎秆放到 150 倍手机放大镜下拍照观察，果然，又一法宝现身了！

原来，稗草的髓部充斥着海绵状的物质。海绵状结构可以起到缓冲作用，减缓压力，因此，即使稗草茎秆被踩倒，也能重新挺立起来。

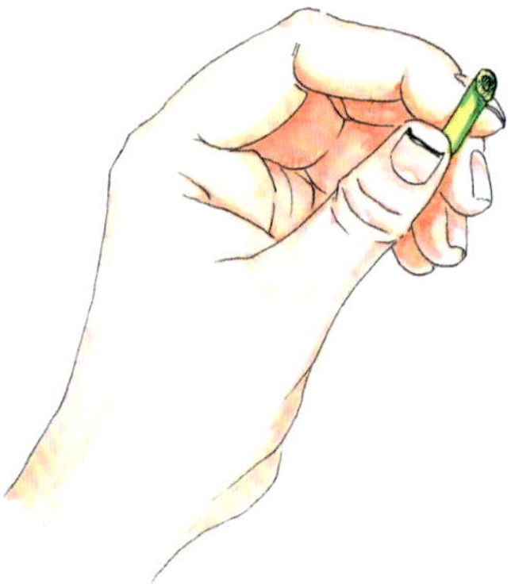

从稗草秆的横截面可见，髓呈海绵状

150倍手机放大镜

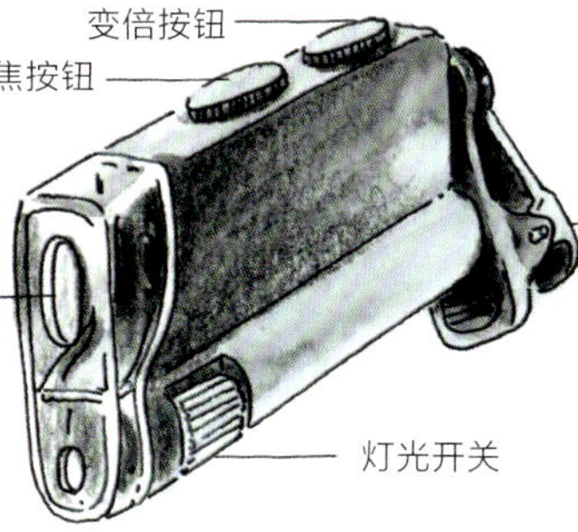

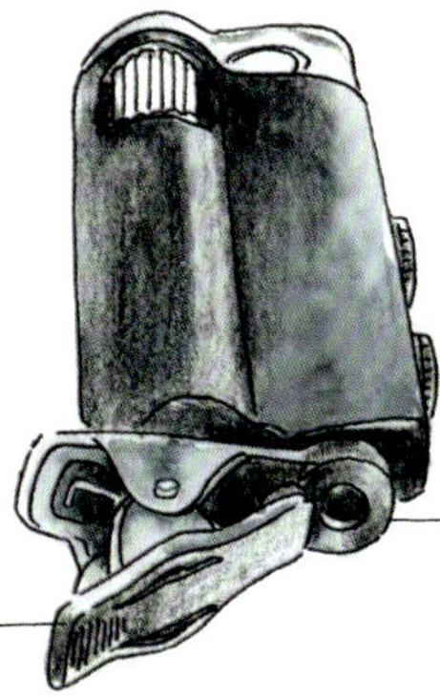

用手机放大镜拍照的步骤

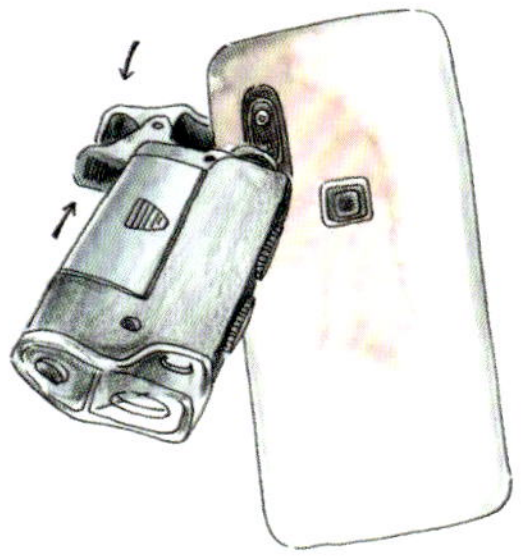

1. 将放大镜目镜对准手机的摄像头，夹紧

2. 打开手机的拍照功能，调节位置，对准目标拍照

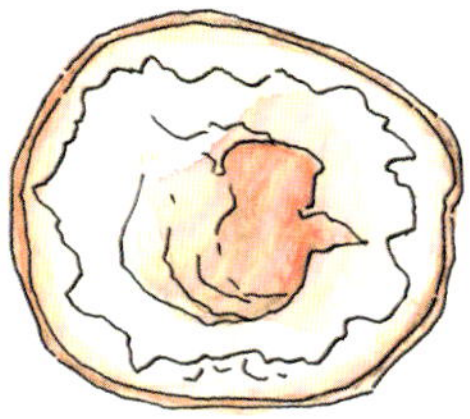

镜头下的稗草茎秆横截面

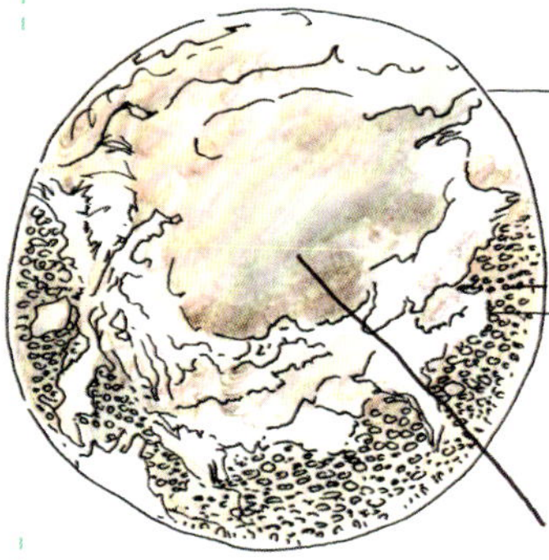

与稗草茎不同的是，水稻茎秆是中空的，如果拦腰折断，就很难再立起来。童年时，我们常用中空的水稻茎秆制作玩具，而稗草茎秆既不中空，又过于短小、纤细，没法使用。

我找来水稻茎秆和稗草茎秆，教羊仔制作了田野里孩子们最喜爱的玩具。在制作过程中，羊仔更加深刻地体会到了两种植物茎秆的不同。

稻秆哨子

材料准备：

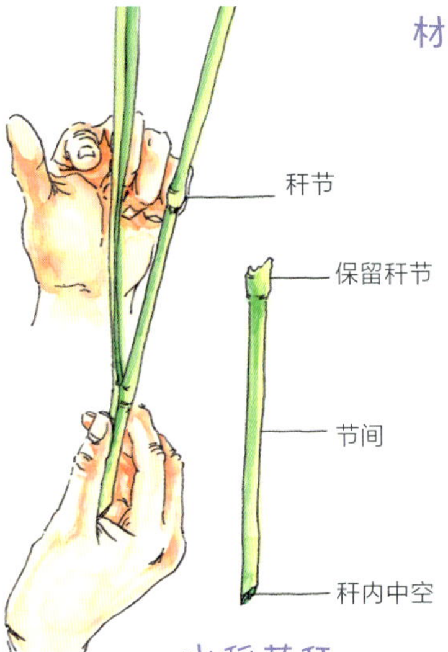

水稻茎秆

脱谷后的稻穗

1. 从水稻秆上截取一段茎秆，做哨身

2. 从稻穗上截取一段小穗秆，清理掉上面的稻粒，作为疏通哨子空腔的工具

制作步骤：

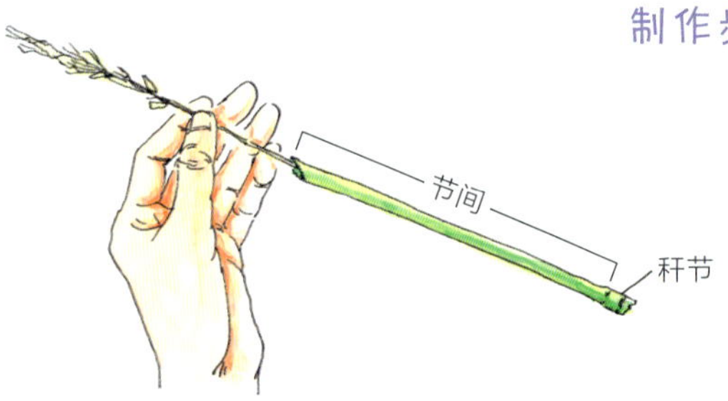

第一步：用小穗秆疏通节间，确保内部无杂质

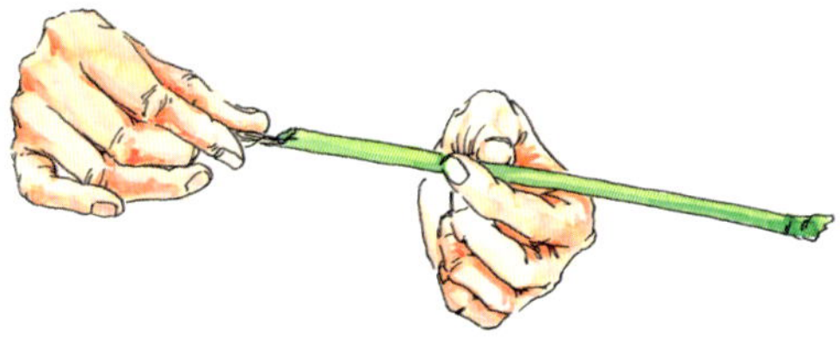

注意：只疏通节间，到秆节处停下，不要将秆节内部捅破

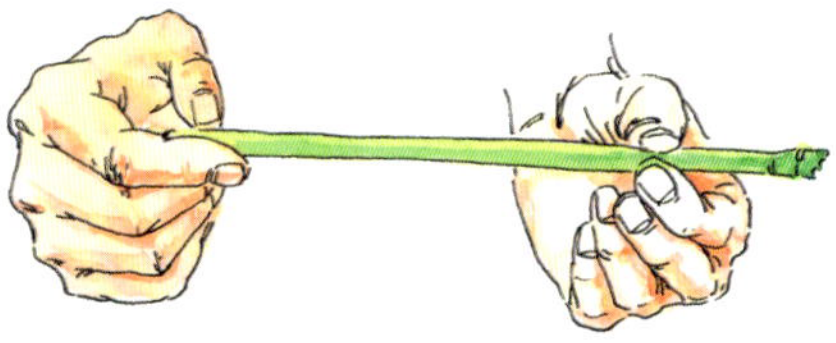

第二步：在离秆节 1 厘米左右的地方，用食指和拇指按顺时针揉压出均匀的裂口

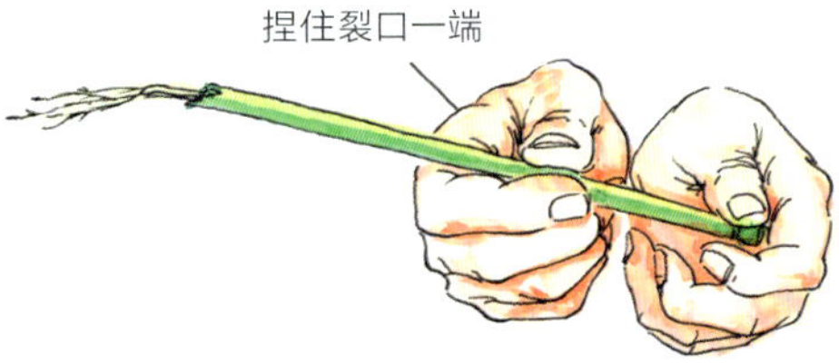

第三步：左手揉压时，右手拇指和食指捏住裂口一端，控制裂口长度

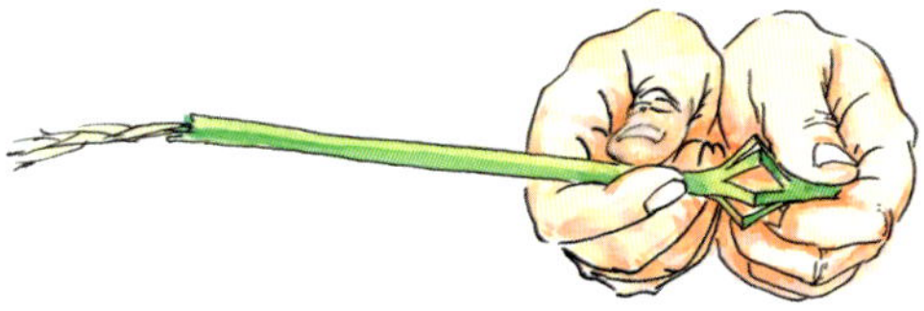

第四步：右手握住裂口终止端，左手握住秆节端，向中间挤压，使裂口向外张开约 45 度角，然后左右手朝两边拉紧，再放松。这时，裂口自然露出一定的缝隙，哨子就做好了

正当我要尝试用稗草茎秆做哨子时，羊仔笑了起来，说道："爸爸，这可不行，它太细，中间又没有洞。"看来，两种植物茎秆的区别，她已经很熟悉了。

稻秆又长又粗，中间是空心的，柔韧性非常好。我给羊仔编了一个稻草"轿子"，顺手捉了一只蚱蜢"新娘"放进去，羊仔小心地抬着"轿子"，好像里面坐着的是一位真正的新娘。

哨子吹奏原理

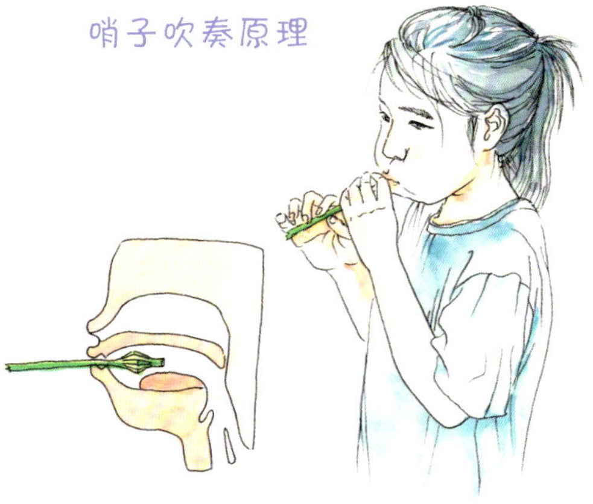

肺部气流经过咽喉，快速通过哨子裂口的狭小缝隙，就会产生摩擦振动，发出"呜呜"声

用稻草编的"轿子"

把孩子们捉来的蚱蜢放进"轿子"里，两个人抬着，就像在抬一位新娘

稻田里最常见的蚱蜢——中华稻蝗

稗草秆太细，柔韧性较差，弯折过程中易折断，做不成"轿子"

制作失败的稗草"轿子"，看上去乱七八糟的

傍晚时分，我们从田间归来，全家人围坐在一起搓草绳。羊仔突然有了重大发现：“爸爸，你看！这草绳是用中空的稻草编的，稗草可绝对不行！”看来，羊仔已经能够触类旁通了！

山野田园不但美得令人陶醉，更是教授人们自然知识最生动的课堂。

草绳的制作方法

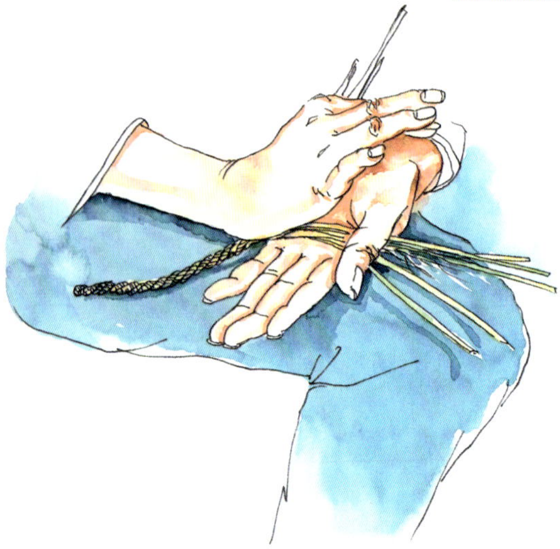

将 5 根水稻茎秆对折，从对折端顺同一方向搓，麻花状的绳子就搓好了

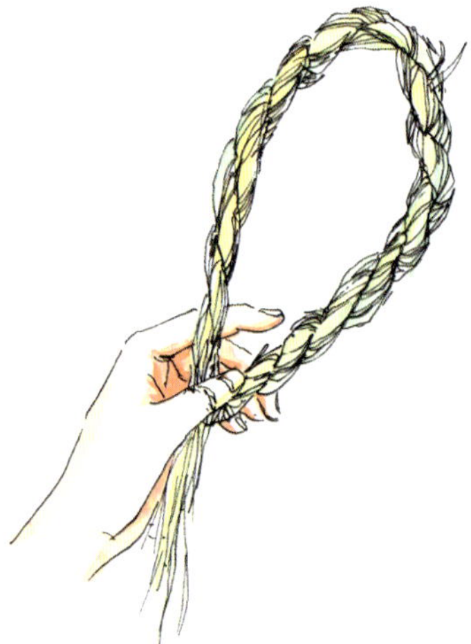

搓好的稻草绳

旱不死的还魂草

家乡的鲤鱼溪很有名，这天，我们前往鲤鱼溪去观看“鲤鱼葬礼”。沿溪而行，羊妈被溪流旁的一口“方井”吸引了。其实，这并非真正的“井”，里面的水并不是从地下涌出的，而是通过长长的竹管，从上游的溪流里引来的。这也是村里人的“生命之源”。

- 2019 年 10 月 4 日
- 多云 18 ~ 27 ℃

福建省周宁县鲤鱼溪。人们将上游清澈、洁净的溪水引进村里，储存起来。

鲤鱼溪里的水世世代代滋养着这里的村民，人们爱护它，就像爱护生命一样。而鲤鱼是优秀的“水质监测员”，从宋代开始，村民就将鲤鱼奉为守护生命之水的“恩人”。如果鱼死了，还会为它举行隆重的葬礼，将它葬进鱼冢。

柳杉树，树龄约 800 年

鱼冢和祭台设在两棵老柳杉之间

老死或遭遇意外死亡的鱼，都会被乡民葬进鱼冢

九死还魂草

漫步于古桥之上，忽然，桥体边缘的一簇翠绿吸引了我。仔细查看后发现，那竟是生长在桥板上的几株植物，远望去，就像一支支绿色的火炬。

“卷柏！”当我看清它的模样时，不禁叫出声来。那旺盛的生命力，实在令人惊叹。

岁月悠悠，杉木板铺就的木桥上，长出了苔藓和卷柏

长在木板上，依旧枝叶繁茂，卷柏的生命力真是令人惊叹！

“真有意思！柏树都长到木头上去了！”羊妈也看到了这一簇傲然挺立的小生命。

“那不是柏树，是蕨类植物！不过卷柏和柏树一样，都非常耐旱，所以又叫九死还魂草。”

卷柏真的有九条命吗？如果真是这样，那它一定拥有可以“死而复生”的秘密法宝。回家之后，我们查阅资料，并做了一系列的小实验，终于揭开了它“还魂”的奥秘。

法宝一：小叶片的锁水术

卷柏的枝叶和柏树的长得很像，两者都十分耐旱。回到上海后，我从上海杨行花木城买回来一棵侧柏，拿家乡的卷柏和它进行对比，仔细观察后发现，卷柏层层叠叠排列的三角形小叶片，和侧柏的鳞形叶片十分相似。即使放到 150 倍放大镜下观察，两者的相似度也很高。

买回家的侧柏

- 2019 年 10 月 12 日
- 多云 19 ~ 25 ℃

我从上海杨行花木城买回了一棵侧柏，树高 58 厘米。

从福建省周宁县老家带回的卷柏的枝条

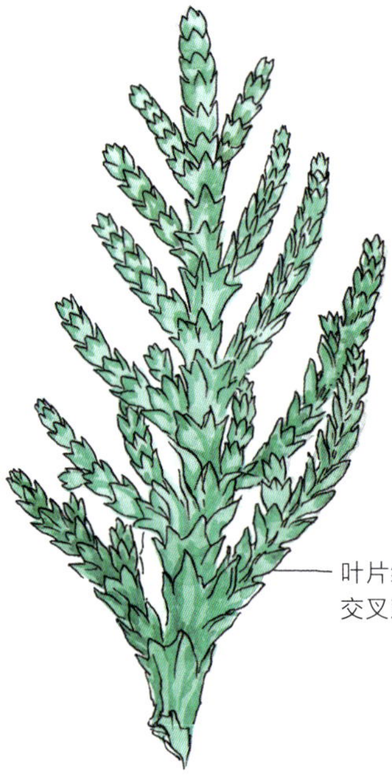

从上海杨行花木城买回的侧柏的枝条

150 倍放大镜下的卷柏和侧柏叶片

卷柏叶，先端具芒刺

侧柏叶，叶背中部具腺槽

一般来说，细小的叶片比宽大的叶片表面积更小，水分经由叶面散失到空气中的速度也更为缓慢，叶片保持水分的能力就更强。那么，卷柏的三角形小叶片和侧柏的鳞形叶片，是否都具备良好的"锁水"能力呢？我们准备做个小实验，来测试一下两种植物的"锁水"能力。

植物蒸腾小实验

实验材料：

电子秤、试管、玻璃瓶、塑料袋、水、卷柏、侧柏枝条

实验方法：

实验开始前，为两种植物和两个器皿中的水称重；2 小时后，再次称量植物和水的重量，计算出重量的变化量

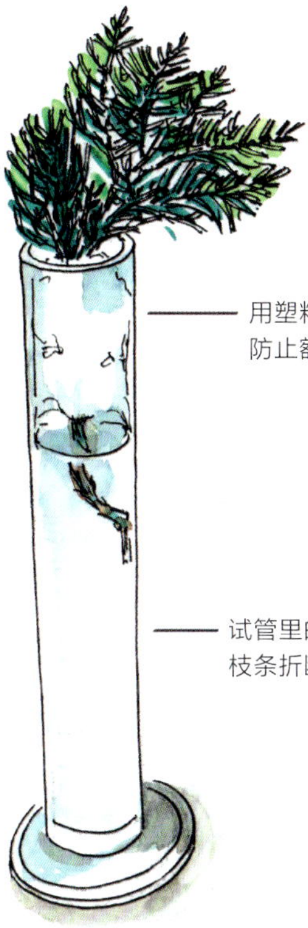

▲ 侧柏枝条

▲ 卷柏植株

实验数据和结论：

	中午 12：15		下午 2：15	
	植物重量	水的重量	植物重量	水的重量
侧柏	2g	100g	2g	100g
卷柏	21g	338g	21g	337g

结论：侧柏的“锁水”能力超强，2 个小时内，它可以不喝水，体内的水分也没有变化，蒸腾作用十分缓慢。卷柏比侧柏的蒸腾作用略快一点，但“锁水”能力也不错，2 个小时仅消耗了 1 克水

通过这个小实验，我们见识到了侧柏和卷柏细小叶片强大的“锁水”能力。即使处于干旱的环境中，它们也能将宝贵的水分“锁”在体内，维持生命。

法宝二：神奇的卷曲术

在鲤鱼溪游玩的时候，我们发现了一个非常有趣的现象：把采下来的卷柏放到阳光下暴晒，枝叶就卷曲起来。

“都晒成这样了，还能还魂？”羊妈对卷柏的还魂术表示怀疑。

尽管我对卷柏顽强的生命力有所了解，但看到眼前这颜色发黄、卷成一团的枝叶，也不由得心想：“大概活不过来了吧！”

- 2019 年 10 月 4 日，中午
- 多云 27 ℃

福建省周宁县鲤鱼溪

刚采下来的卷柏，枝叶舒张，绿意盎然

30 分钟后，尖端的枝叶开始卷曲

1 小时后

1 小时 30 分钟后

2 小时后

3 小时后，枝叶全部卷曲，抱成团，外围颜色也开始发黄

从鲤鱼溪回来，已近黄昏。那团干巴巴的卷柏，似乎早已失去了生命的活力。我在卷柏的根部裹上餐巾纸，并把它放进了一只盛有水的碗里，最后又在碗上套上了一只塑料袋。

第二天早上，奇迹发生了！那株喝饱水的卷柏，舒展着青翠的枝叶，神采奕奕。

- 2019 年 10 月 4 日傍晚
- 多云 27 ℃

羊仔和外甥汤圆透过塑料袋观看，等待奇迹的发生。

- 2019 年 10 月 5 日 早上 7: 20
- 阴 18 ℃

吸饱水的卷柏又活了过来！

虽然在前面的蒸腾实验中，卷柏小叶片的“锁水”能力比侧柏稍逊一筹，但这并不能说明卷柏不如侧柏耐旱。在下面的“还魂”小实验中，侧柏明显输给了卷柏。经过暴晒，卷柏枝叶卷曲，遇水能够“还魂”；而侧柏的枝叶不能卷曲，最终被活活晒死。

因此看来，卷柏的秘密法宝——“卷曲术”，在保护机体和保持水分方面起到了很大的作用。植物机体卷曲可以有效地减少蒸腾面积，从而将水分“锁”在体内，维持生命力，为“还魂”打下良好基础。

卷柏和侧柏的“还魂”实验

	新鲜枝条	晒干后	浸泡后
卷柏	 枝叶碧绿	 枝叶卷曲发黄	 枝叶舒张，变绿复活
侧柏	 枝叶苍翠	 枝叶发黄，不卷曲	 枝叶干枯，未复活

法宝三：永不停歇的“吸水机”

发现卷柏的这种“超能力”，实属意外。做完小叶片的蒸腾实验后，那株卷柏就被我种进了花盆里。一个月后，卷柏的枝叶完全变黄，真的死去了。我舍不得丢掉它，就把它从潮湿的土壤里拔了出来，放到了阳台的一个角落里。第二天，我发现失去水分的卷柏又卷成了一团。

- 2019 年 11 月 23 日
- 小雨转多云 16 ~ 21 ℃

上海宝山区家里阳台，卷柏没能养活，是因为不适应上海的气候吗？

从土里拔出来后，卷柏失水，又卷成一团

死去的卷柏，枝条轻轻一掰，就从基部折断了。种在潮湿的土壤里，尽管死去了，但它的枝叶依旧舒展

“再泡泡，说不定还能活过来。”听从羊妈的建议，我把它泡进了水里。并且，我还准备观察一下这株死去的卷柏是否还具备吸水能力。令我吃惊的是，这株早已失去生命活力的卷柏，吸起水来居然和活着时一样起劲。吸饱了水，它的枝叶竟然又重新舒展开来。

干卷柏吸水小实验

1. 准备一株干枯死去的卷柏

2. 用电子秤为干卷柏称重，重 9 克

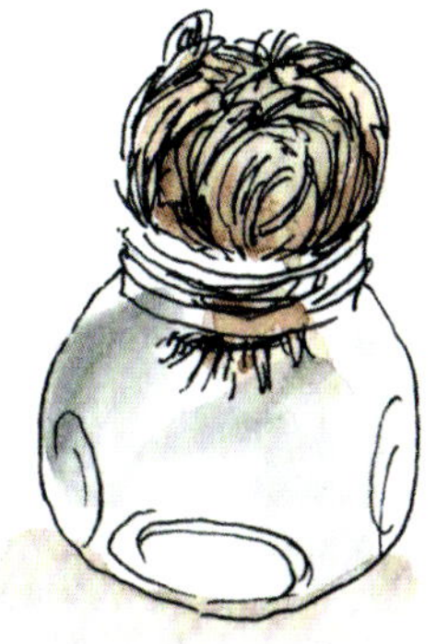

3. 将干卷柏放入水瓶中吸水

4. 卷柏枝叶舒展，重量增至 22 克

看来，在卷柏的身体里，存在着一台永不停歇的“吸水机”，它抓住一切机会为卷柏的机体补充水分，为“还魂”做好充分的准备。即使卷柏真的死去了，这台“吸水机”依然在辛勤工作。

法宝四：“锁子甲”护体神功

成年人体内的水，约占体重的 70%，如果少于这个量，就难以维持人体的正常机能，而卷柏只要机体中保有 5% 的水分就能安然进入休眠期，一旦遇水便能“还魂”。

维持生命所需水量对比

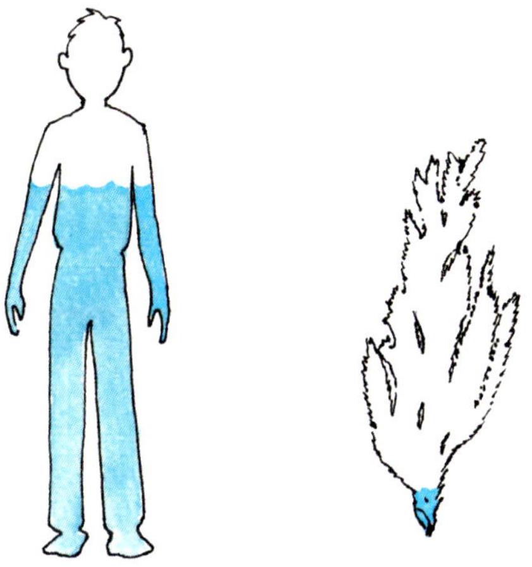

成年人：
约占体重的 70%

卷柏：
约占体重的 5%

在极端干旱的条件下，卷柏会为自己穿上一件用海藻糖打造的“锁子甲”外套，让机体暂停新陈代谢，直到遇到水分重新“复活”。正是因为有海藻糖这件护体神衣的保护，卷柏才有了“继命”和“还魂”的可能。

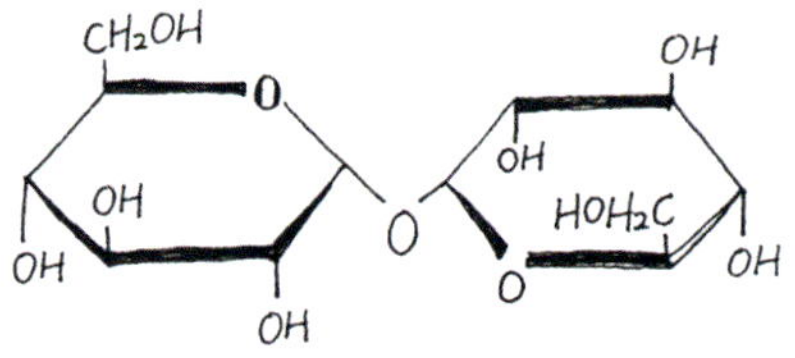

▲ 海藻糖的结构式

海藻糖护体示意图

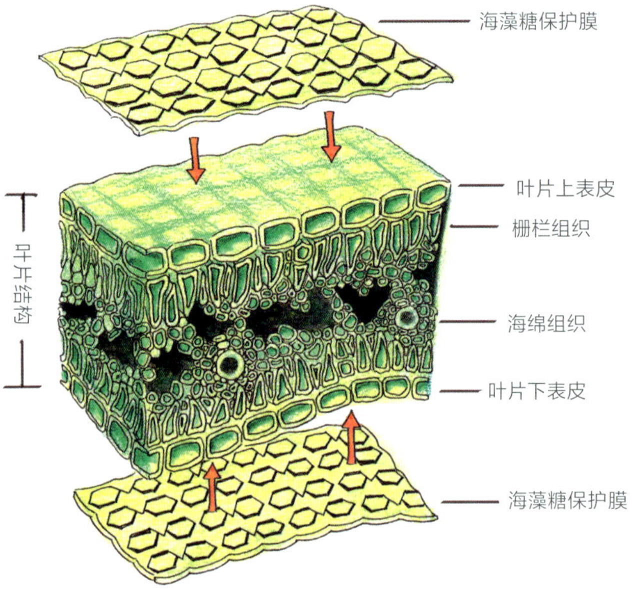

身披“锁子甲”的卷柏将军

法宝五：“骨碌碌”挪移大法

卷柏一身的好本领，让全家人着了迷。我又网购回来几株卷柏，希望通过精心养护，让它们在我的花盆里安居。拆开快递，几株卷柏“骨碌碌”滚了出来。

“瞧，多像风滚草！”羊仔前几天刚从纪录片里了解到有关风滚草的知识，这一团团的卷柏，让她想起了那种满地飞滚、弹跳的有趣植物。

- 2019 年 11 月 29 日
- 阴 9 ~ 13 ℃

上海宝山区家里，新买的卷柏送到了！

羊仔观察到，卷柏卷成一团滚动的时候很像风滚草

▲ 风滚草

风滚草是草原和戈壁上的“流浪汉”。当干旱来临时，风滚草的根部会从土里收缩回来，团成一团随风滚动，迁往新的家园。滚动和弹跳的过程中，风滚草还会将种子沿路撒播，就像一台滚动的播种机

那些因岩石崩塌或土壤流失，被连根拔起，掉落到地面上的卷柏，也能像风滚草一样，被风带着“骨碌碌”向前奔跑，最后在有水或潮湿的地方重新安家吗？为了验证这个猜想，我们决定做一个“卷柏挪移”小实验。

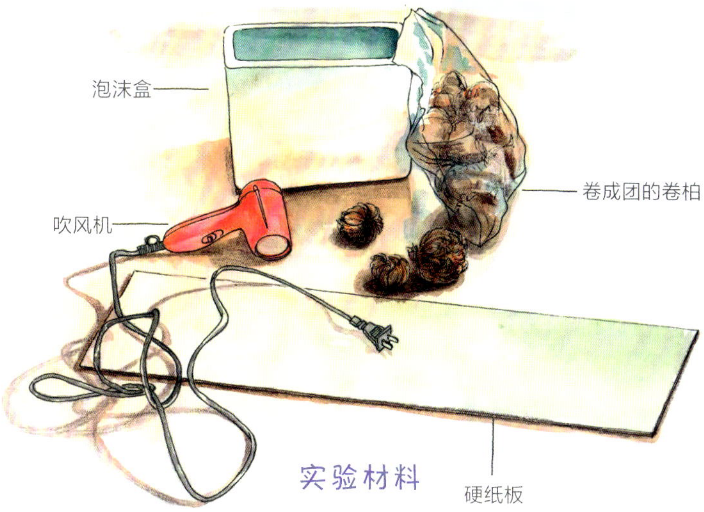

实验材料

“卷柏挪移”小实验

实验方法： 采用手指拨动、嘴吹、吹风机吹三种方式，观察卷柏的移动方式和移动距离

实验一：在手指拨动下，卷柏的移动情况

实验结果：

卷柏滚动着向下移动

推测：

在自然环境中，根部裸露，处于休眠状态的卷柏，重量轻，呈球状，易于在外力作用下向低洼潮湿处迁移

实验二：在吹气作用下，卷柏的移动情况

羊仔肺活量小，卷柏只向前滑动了一小段距离

我的肺活量大，卷柏滚动向前，直至到达地面

实验结果：

气流小，卷柏只能向前滑动一小段距离；气流大，卷柏就可以向前滚动较远的距离

推测：

在自然环境中，卷柏的滚动需要借助较大的外力，否则只能缓慢滑动前行

实验三：在吹风机作用下，卷柏的移动情况

实验结果：

吹风机“撵”着卷柏在地面快速向前滚动

推测：

在自然环境中，强风可以带着卷柏去往很远的地方，即使没有斜坡的帮助，卷柏依然可以顺风滚得很远，到合适的地方安家

实验结论：根部被拔起，处于休眠状态的卷柏，重量轻，呈球形，可以在风力或其他外力作用下向前移动，去往低洼潮湿处“还魂”新生

卷柏，这低矮、毫不起眼的小植物，让我们见识了大自然的智慧与坚忍顽强，我们打心底喜爱它。然而在我心里，还珍藏着一份对它的感激之情。

有一次，我在家乡田野间劳作时，不小心弄伤了手，流了不少血。因为来不及去医院处理，我根据乡亲们的传统做法，从石缝里采了一些卷柏，放进嘴里咀嚼成糊状，涂在伤口上。没一会儿，血止住了，伤口也没那么疼了。原来，卷柏身体里含有一种生物碱，既有止血作用，又有活血抗血栓的功效。

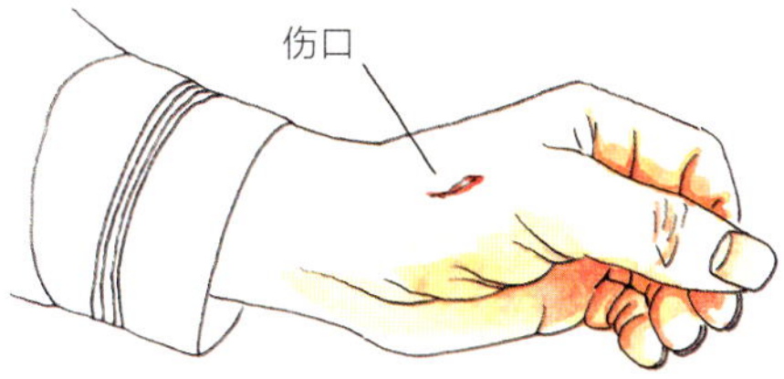

祝愿我心爱的卷柏，不论是在家乡，还是在我的小花盆里，都能继续演绎它们坚忍而顽强的生命故事！

野外卷柏止血步骤

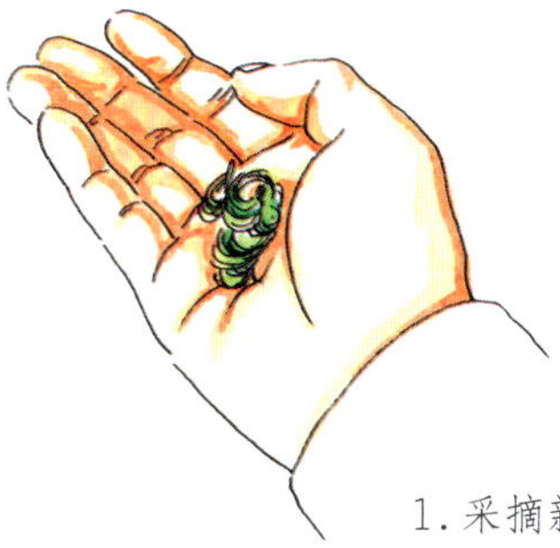
1. 采摘新鲜卷柏枝叶

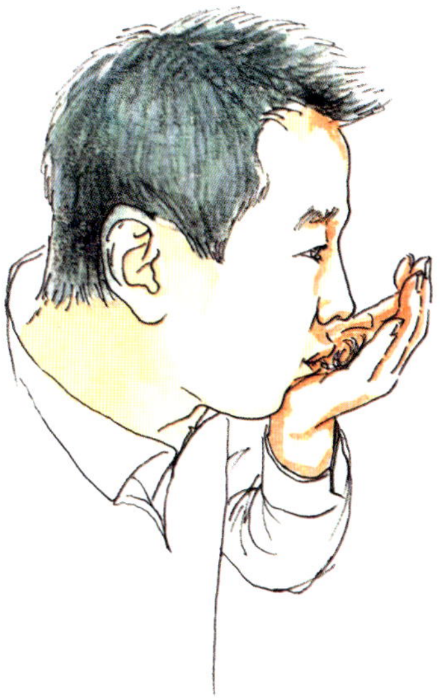
2. 放入嘴里咀嚼成糊状

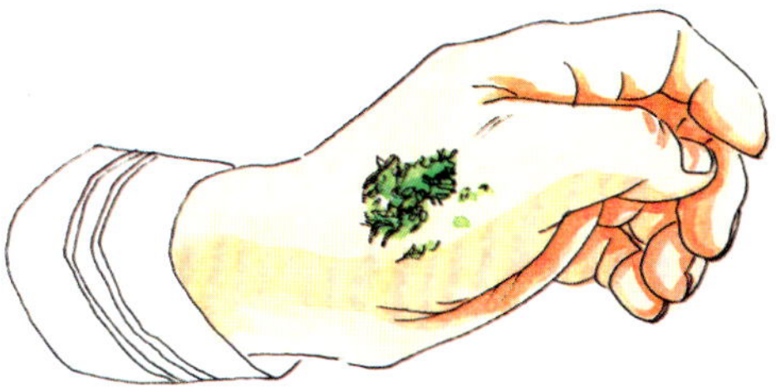
3. 涂在伤口上，完全覆盖住伤口

会“咬”人的植物

古老的鲤鱼溪，滋养着两岸的生灵万物，在她的怀抱里，我们不但邂逅了“九死还魂草”——卷柏，还遇到了一群会“咬”人的植物。

火棘的秘密法宝——棘刺阵

溪流上游是一汪深潭，潭水如碧玉，四周草木葱茏。绿荫下，羊妈和羊仔倚在山石上小憩，我却被潭边的一抹亮红吸引。

- 2019 年 10 月 4 日　下午 1 点
- 多云　27 ℃

鲤鱼溪水潭边的一丛火棘，果实如彩霞、似云霓般耀眼。

“哎哟！”不知什么时候，羊妈走过来，摸了一下这果实，立刻被枝上的棘刺扎得叫出声来。

羊仔也跑了过来，于是，我把这植物上的棘刺指给她们看。叶子间、果实旁，到处都是又尖又硬的木刺。火棘似乎摆出了一个由长矛组成的战斗队列，严阵以待，随时准备和入侵者决一死战。

“火棘”，这名字可真够贴切！“火”形容的是它鲜红如火的果实，而“棘”正是指那满身的“刺阵”。

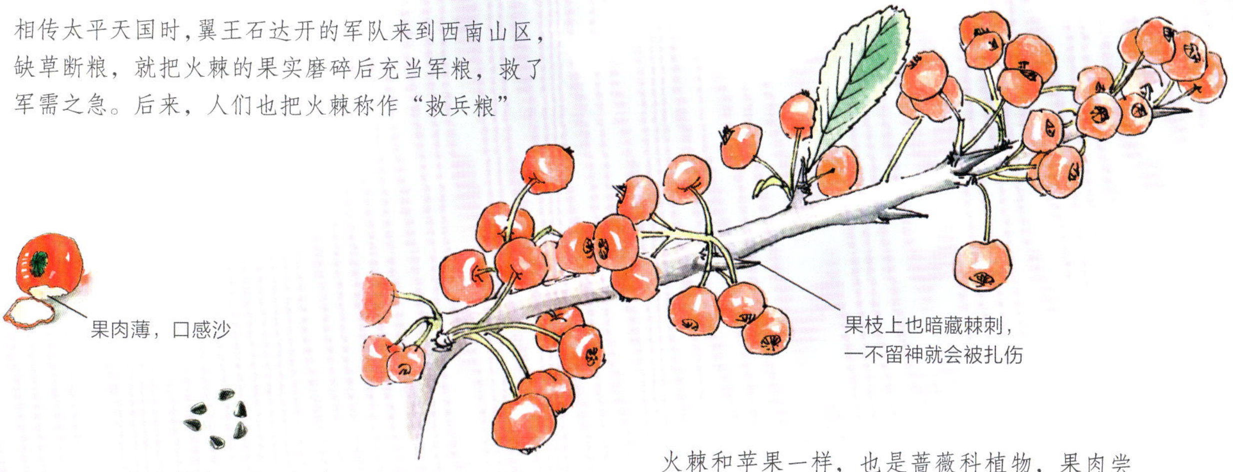

火棘为什么要长出这么多的刺？我发现，火棘通常长得不太高，而亚洲这片大地上，曾经遍布着犀牛、大象、鹿和羚羊等大型哺乳动物，它们对这些低矮树木上的枝叶和果实一定垂涎三尺。也许，正是为了保护枝叶和果实不被这些动物吃掉，火棘才进化出了一套高超的防卫手段。“棘刺阵”，正是它的秘密法宝。

回到上海，我发现，我家小区的绿地里就有两棵火棘。为了测试“棘刺阵”的威力，我设计了一个小实验，看它们是否真的能够穿透“动物的毛皮”。

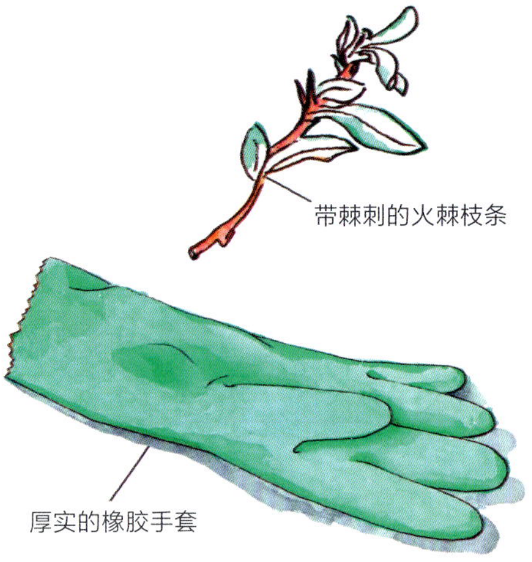

实验材料准备

- 2019 年 11 月 9 日
- 晴 13 ~ 19 ℃

上海宝山区，我在小区楼下采了一枝火棘枝条，来做“皮毛”穿透小实验。

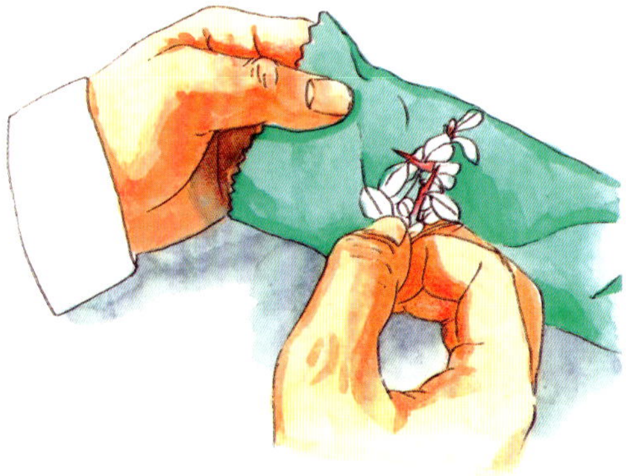

实验方法：
用火棘枝条上的棘刺扎橡胶手套，看看是否能够扎穿

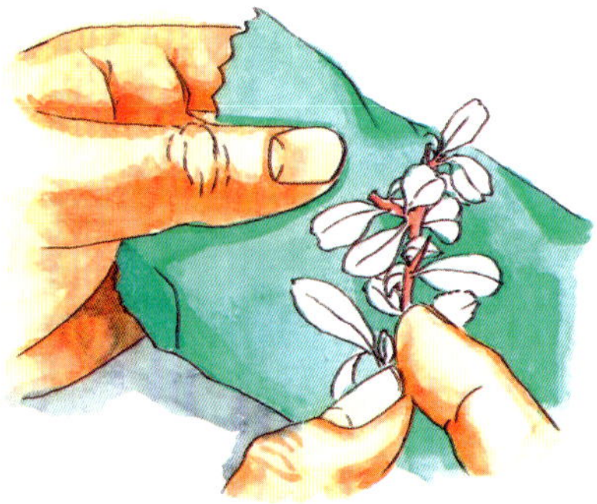

实验结果：
棘刺很容易就穿透了橡胶手套

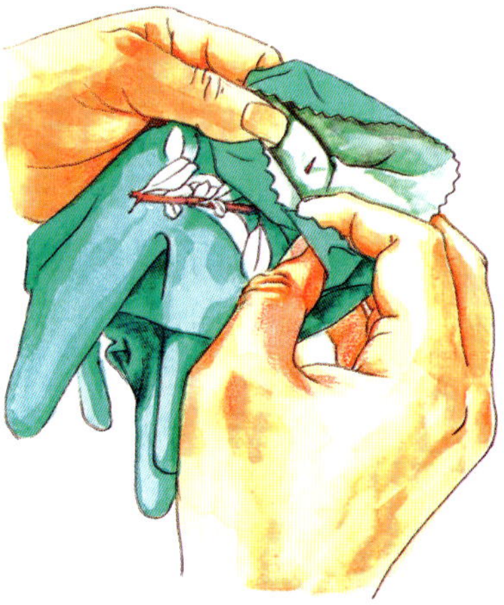

把手套翻过来，观察穿透橡胶层的棘刺

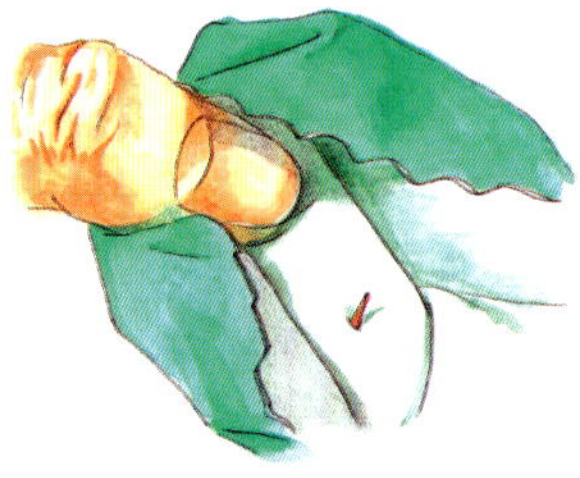

仔细观察可以发现，棘刺的尖端部分完好无损，可见它的锋利坚硬

不过，在大自然里，植物结出鲜艳的果实，往往是为了吸引动物来取食，靠动物的帮助把种子散播到远方。如果“棘刺阵”把动物都吓跑了，火棘靠什么来传播种子呢？

事实证明，我的担心纯属多余，爱吃火棘果实的鸟儿，纤细、灵巧的脚爪停落在枝叶间，完全不受棘刺的困扰。鸟儿吞下果实，被坚硬外种皮包裹的小种子，并不会被鸟儿消化掉，最终会随着鸟粪一起排出。

这是网友拍到的红嘴相思鸟取食火棘果实的画面，白头鹎等鸟儿也爱吃火棘的红色果实

犀牛、羚羊等哺乳动物则不同，小种子的外种皮扛不住它们牙齿的碾磨和胃液的腐蚀，为了对付这些“可怕的巨兽”，火棘才不得不进化出秘密武器——“棘刺阵”。

“棘刺阵”的设计可谓精妙，它不但不会对火棘的合作伙伴——鸟儿造成伤害，还能够帮助鸟儿赶跑取食上的竞争对手。这样的合作关系，真是奇妙无比！

金樱子的秘密法宝——腹中刺

潭边崖壁上，一大蓬金色的果实垂挂下来，正是金樱子——一种看上去简直没法下口，但颇受孩子们喜爱的野果！我站了起来，顺着石块攀缘上去，伸手一探，幸运的是，手指刚好够得着三枚果实。

- 2019 年 10 月 4 日 下午 2 点
- 多云 25 ℃

福建省周宁县鲤鱼溪，潭水倒映着小亭，小亭里倚坐着我们，鲤鱼在碧水中悠然自得。

深潭边的昆虫

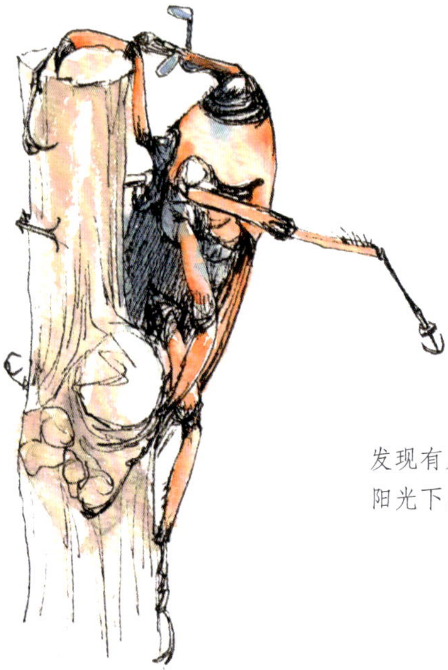

竹象的侧面

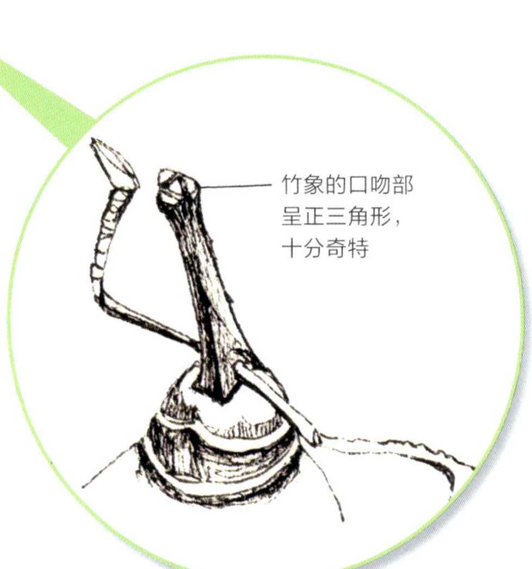

▲ 竹象

发现有人拍照，竹象也并不离去。阳光下，橙色的甲壳极为俏丽

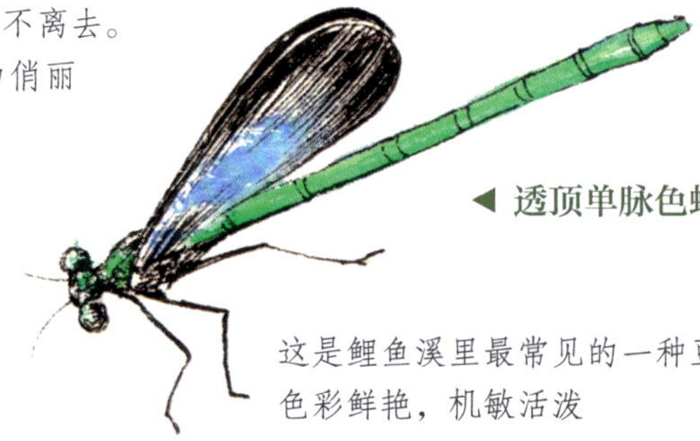

◀ 透顶单脉色蟌

这是鲤鱼溪里最常见的一种豆娘，色彩鲜艳，机敏活泼

崖壁上生长的金樱子，金色的果实，
碧绿的枝叶，在秋风中摇曳

每年初夏，金樱子都会开出洁白的花朵，
它是蔷薇科植物，花朵是典型的5瓣

▲ 金樱子

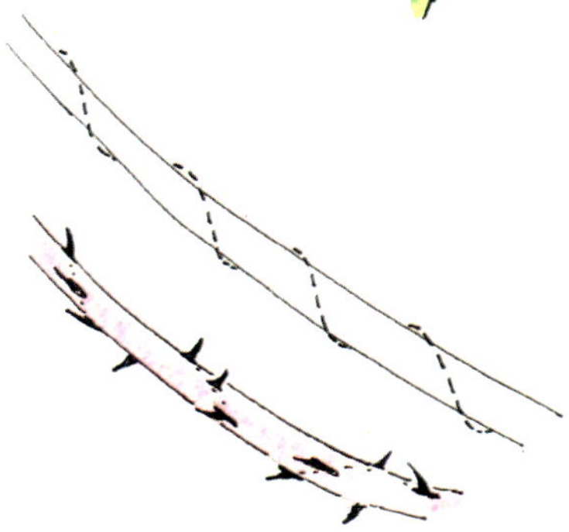

棘刺呈螺旋式排列于新生的枝条上

我忍着疼痛，采下果实，带给了羊妈和羊仔。羊妈看了看我的伤口，又瞅着这刺猬一样的果实，仿佛在想：难道它有什么特别之处，值得你去冒这个风险？

我从背包里翻出一条手帕，包住果实，系紧后把它丢在了石板路上，并用鞋底来回蹍。羊妈和羊仔用无比诧异的眼神盯着我，她们哪里知道，这是我们小时候对付金樱子果皮上毛刺的绝招。

来之不易的三枚果实，果皮上长满毛刺

采的时候要格外当心，藤枝上到处是棘刺

对付金樱子果毛的“绝招”

采摘时，带上橡胶手套，就不用担心被枝条和果实上的刺刺伤了

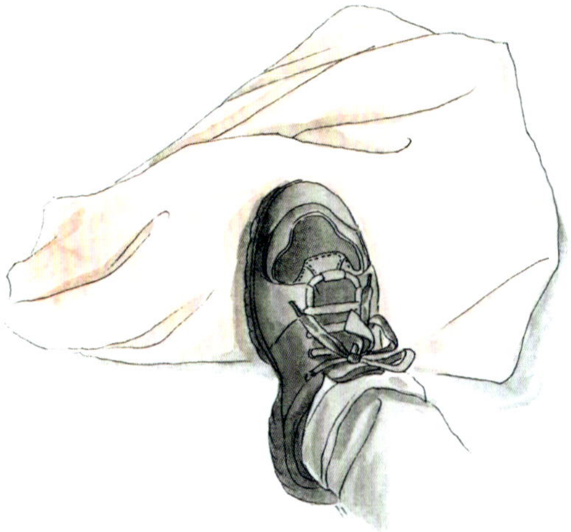

采回来后，放到麻布袋里，用鞋底蹍，可以除去部分果毛

蹍了一会儿后，我把果实从手帕里取了出来，果不其然，毛刺多半已经脱落，没脱落的，也被蹍掉了尖端。这下，咬果皮时，它们就伤不到我的嘴巴了。我用牙轻轻撕开金色的果皮，里面薄薄的一层淡黄色果肉露了出来。

“爸爸，给我尝尝。”羊仔很好奇这果实的味道。

“别急！这里面也全是刺。要是吞进去，它们会‘咬’你的喉咙，又疼又痒。”说着，我把果肉下的细密茸毛指给羊仔看。原来，这才是金樱子最隐秘的法宝！

包裹种子的部分，外侧也密被绒毛

为了保护珍贵的种子不被动物吞进肚子里消化掉，金樱子找到了一个好办法：密密匝匝的刺不但布满了果实表面，还长进了果实的肚子里！即使动物成功避开了果皮上毛刺的伤害，也难逃内部茸毛所带来的“扎喉感”。这实在是对馋嘴者最有效的惩戒！

有人观察过，牛、羊等哺乳动物对金樱子都敬而远之，只有鸟儿会用灵巧的喙啄食成熟的果实。看来，和火棘一样，在大自然里，金樱子只款待长着羽毛的客人。我想，金樱子应该也是喜欢人类的，因为爱吃金樱子的人，都会像我一样，拔去果实内壁的茸毛，将茸毛包裹的种子部分丢弃，只食用薄薄的一层果肉。从种子传播的角度来看，馋嘴的人们正在帮助金樱子将种子四处播撒。

盐麸木的秘密法宝——生漆毒汁

下午日头偏西，我们沿溪而返。穿过桥洞，羊妈忽然笑盈盈地朝我们喊道：“快来！这里有好多小杧果！”

● 2019 年 10 月 4 日 下午 3 点
● 多云 23 ℃

鲤鱼溪桥洞崖壁上，长着大大小小几株盐麸木，它们的果实像极了小杧果。

顺着羊妈手指的方向，我抬头观望，不禁吓了一跳。这些哪里是杧果树，分明是家乡人玩耍和劳作时，最害怕的盐麸木！为了让羊妈和羊仔认识这种可怕的植物，我端起相机，拍下了它们清晰的照片。

岩石缝隙里长出的盐麸木的幼苗，
它们的生命力十分顽强

▲ 盐麸木

叶轴上具明显的叶状翅，这是盐麸木的重要特征

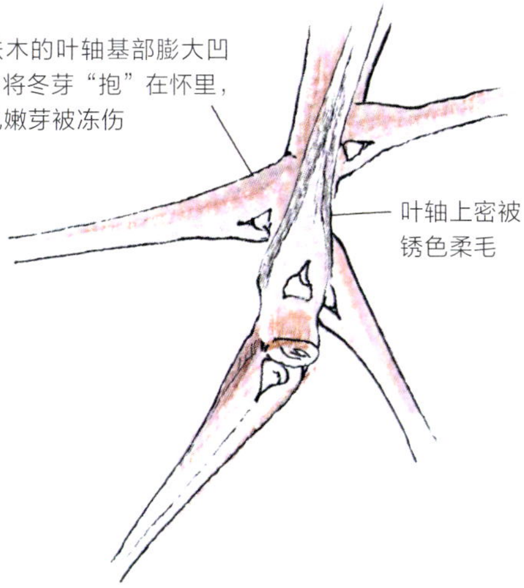

“千万碰不得！不然会被它的毒汁‘咬’伤！”我一边教羊妈和羊仔辨认盐麸木，一边说。

“毒汁也会‘咬’人？”羊仔好奇地问。

“当然！盐麸木属于漆树科植物，它会分泌一种含有漆酚的物质——生漆。皮肤敏感的人遇到它，麻烦就大了！”接着，我讲起了漆树科植物进行自我保护的独家法门——分泌生漆毒汁。

漆树科家族的植物遭受外部敌害时，会流出一种乳白色的汁液，这就是“生漆”。生漆遇到空气会逐渐变为褐色，干涸硬化后就变成了漆膜。在工业生产上，生漆是一种优质的涂料，但它含有漆酚和多种挥发性物质，极易使皮肤发生过敏反应。

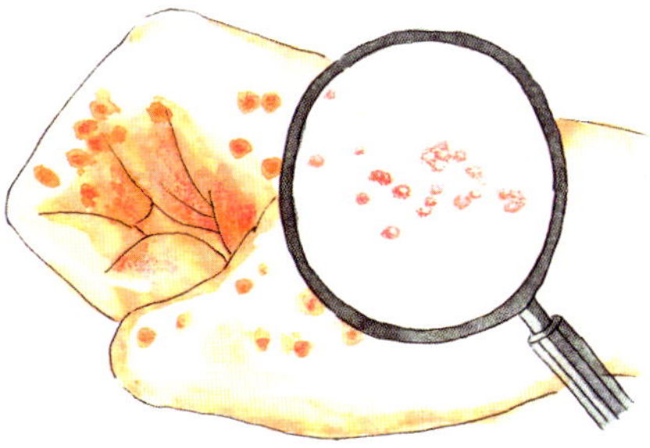

小时候，我的手背被盐麸木毒汁“咬”过，一挠，就长出了这样的红色丘疹，又痒又疼

回到家，看到水果盘里的杧果，我又想起了下午偶遇的盐麸木。

“盐麸木的果实是有点像小杧果，毕竟它们都是漆树科的植物。”我对羊妈说。

“啊？那杧果也会分泌毒汁？”羊妈听完吓了一跳。

“这个……”我真心有点拿不准。有人吃杧果会过敏，会不会真的是漆酚惹的祸？为了搞清楚真相，我决定去水果店多买几种杧果，做个“杧果是否会分泌生漆”的小实验。

我挑了一只生涩的大青杧和几只小澳杧——有的半熟，有的已经熟透。我心想，生杧果和熟杧果分泌生漆的能力可能有所不同，刚好可以用它们来测试一下。材料准备完毕，实验正式开始！

- 2019 年 10 月 5 日
- 阴有小雨 18 ~ 27 ℃

福建省周宁县水果店，只有两种杧果出售。

60 克重的这只大青杧看起来最为生涩

实验一：生涩的大青杧是否会分泌生漆？

一回到家，我就拿出大剪刀，对着大青杧的果皮扎了个洞，结果，并未发现有乳白色的汁液流出来，我不免有些失望。正准备将它丢进果盘时，却发现果梗上附着一层褐色的胶状物，这会是漆膜吗？我赶紧用指甲把这层东西抠去，果不其然，绿色的果梗处很快渗出了乳白色的汁液，正是生漆！8 个小时后，生漆遇到空气发生了氧化反应，又变成了一层褐色的漆膜。

用指甲将褐色物质抠去

抠去褐色胶状物后，露出的绿色果梗上分泌出了生漆

实验二：八成熟的小澳杧是否会分泌生漆？

有了测试大青杧的经验，这次我直接从果梗着手。抠破小澳杧的果梗后，上面微微渗出了透明的汁液，用手挤压，果梗上渗出了更多的透明汁液。

用手指触碰，触感略为黏稠；用舌头舔舔，味道略为苦涩。我猜测，这透明汁液里应该含有一定的生漆成分，只不过，与生涩的杧果相比，含量少了许多。

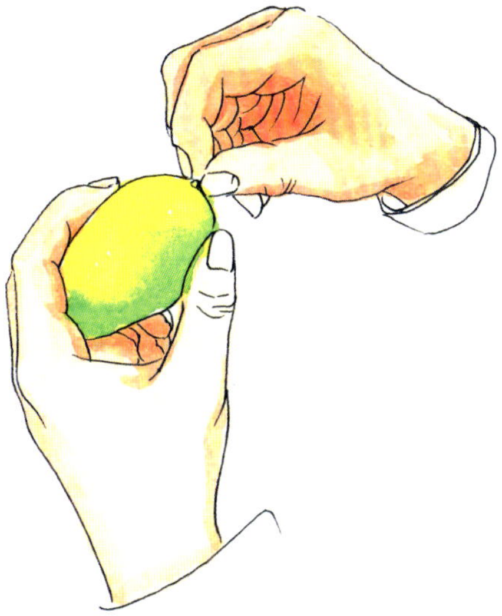

第一步：抠破果梗

透明汁液较为粘稠

第二步：观察到果梗上渗出少量透明液体

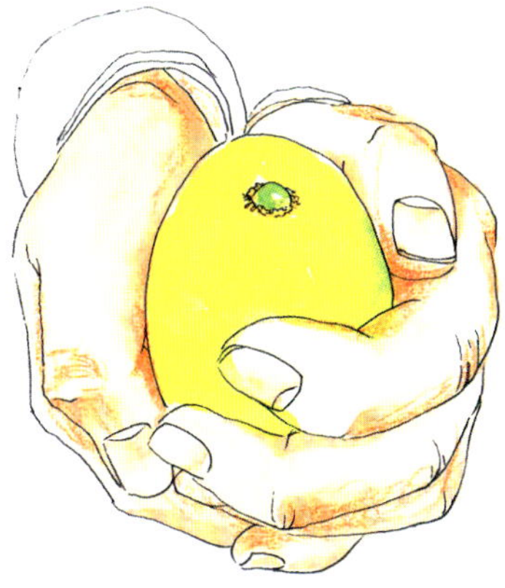

第三步：挤压果实，果梗上渗出了更多的汁液

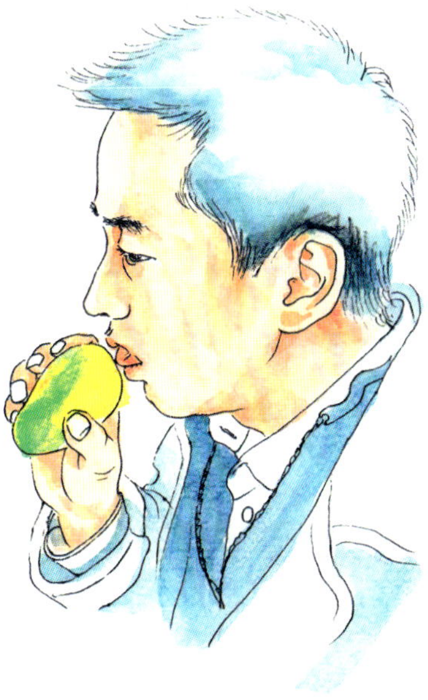

第四步：品尝透明汁液的味道，略为苦涩

实验三：成熟的小澳杧是否会分泌生漆？

抠破完全成熟的小澳杧果梗，过了好一会儿，才有一丁点透明的汁液渗出。无论我如何用力挤压，都没有更多的透明汁液渗出。看来，熟透的果实不太会分泌生漆汁液。

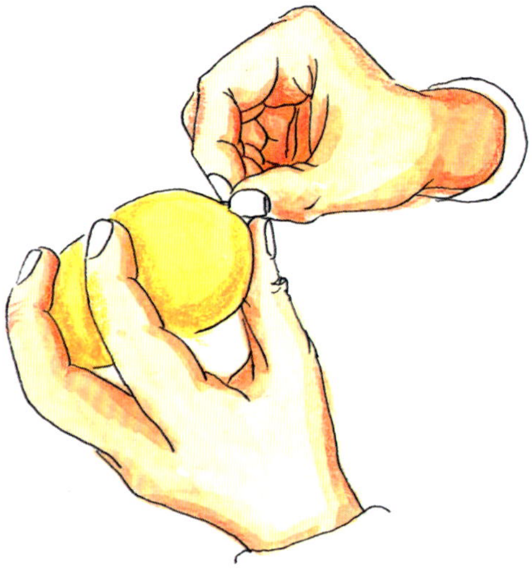

第一步：抠破果梗

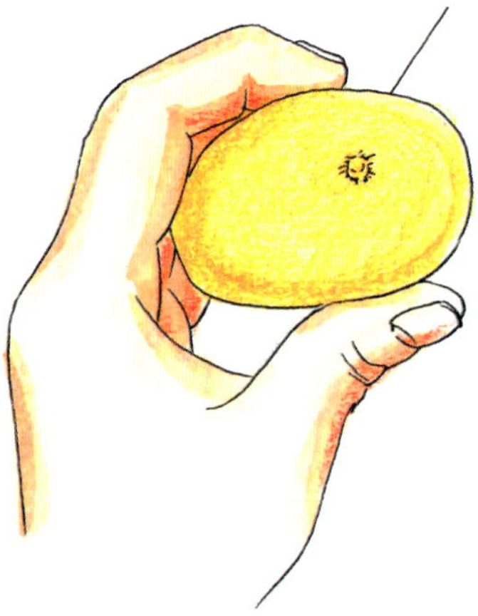

第二步：观察果梗上渗出的汁液

奇怪！为什么杧果一成熟，就几乎不再分泌生漆？原来，漆树科的植物都很聪明，它们善用计谋与秘密法宝——生漆。当种子成熟时，它们会用甜美的果实引诱动物来帮忙传播种子：动物带走并吃掉香甜的果肉，将果核丢到地面上，种子就能在新的家园生根发芽。但如果种子还未成熟，漆树科的植物是不欢迎动物来采食的。这时，果实会分泌出生漆，让动物难以吞下苦涩的果实，只能等待果实和种子成熟。

两天之后，果盘里的大青杧成熟了。我剥去果皮，将它切成小块，邀请羊妈和羊仔共同享用。吃完杧果，剩下了一枚硬邦邦的果核，里面包裹着一粒种子，现在，它也成熟了！羊仔说：“爸爸，让我们把它种到土里去吧！”瞧，杧果的计谋又得逞了！

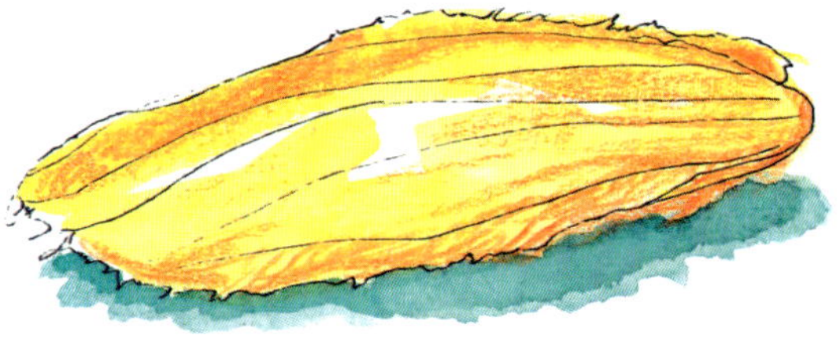

大青杧的果核，成熟后十分坚硬

当然，即使不把果核种到土里，我也不敢打果核里种子的主意。因为聪明的漆树科植物，为了防止动物把种仁也吞进肚里，将漆酚也放进了种子里。开心果和腰果也是漆树科植物，它们的种仁必须经过烘烤、煎炒等工艺，才能将漆酚去除，要是生吃的话，体质敏感的人可能会因漆酚过敏而危及生命。

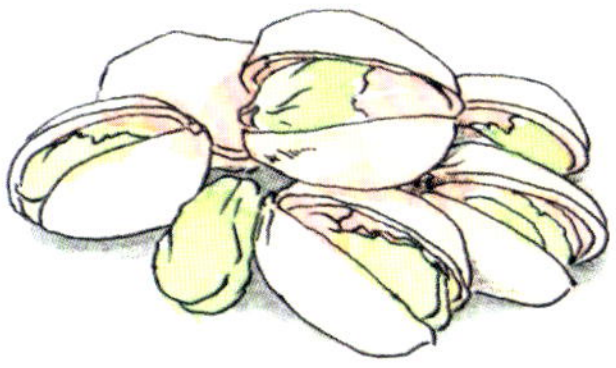

烤熟的开心果，又脆又香

盐焗腰果，香酥可口

尽管盐麸木在野外令人生畏，可一旦它们被人类开发成食材，剩下的就只有美味！家乡人喜欢用盐麸木的树根炖排骨，味道鲜香还能清火。离开家乡前的那天傍晚，家人挖来了盐麸木的树根，让我们品尝正宗的山野滋味。

我小心地将树根锯开，乳白色的生漆立刻从截断处流淌下来。过了一会儿，生漆渐渐变硬，变成了一层黏稠的褐色漆膜。我不由感叹，为了保护自己，盐麸木简直“武装到了牙齿”，连树根都装备了防御敌害的秘密法宝——生漆！

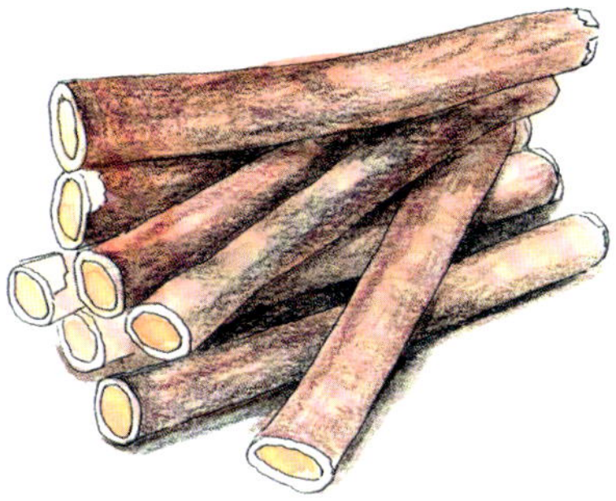

锯开盐麸木的树根，截断处流出了乳白色的汁液

- 2019 年 10 月 7 日
- 晴转小雨 16 ~ 27 ℃

周宁县老家，我再次品尝到了正宗的山野滋味！

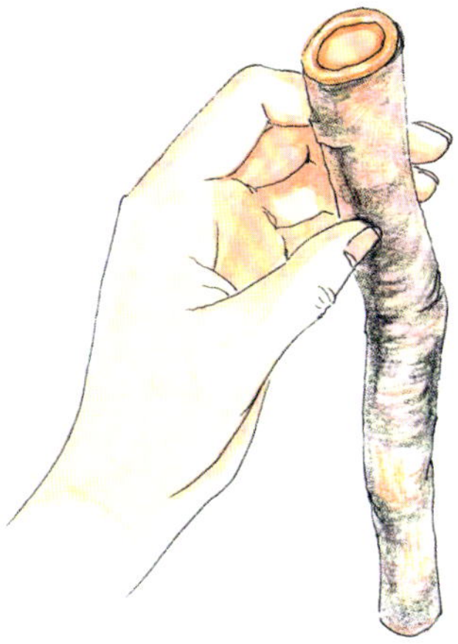

跟空气接触后，乳白色的汁液开始变黄，最后变成了褐色的漆膜

第二天一早，我们就踏上了返回上海的旅程。

再会了，亲人们！再会了，朋友！还有我家乡坚忍顽强、蕴藏着大自然无穷智慧的植物们，来年，我们再相见！

· 生死攸关的“细节” ·

一天下午放学回家后，童悦悦准备带牛慢慢去小区绿地里玩，顺便采些嫩叶给它改善改善伙食。

“晒太阳？可是，我这娇嫩的肌肤……不过……嫩叶……”牛慢慢犹豫了一会儿，下定了决心，“等一下！我再多抹点防晒霜。”说完，牛慢慢把头缩回壳里，尽可能地把黏液涂到每一寸肌肤上。

耐着性子，等牛慢慢化好了防晒妆，童悦悦把它放进小盒，出了门。

“喂，快出来！”童悦悦推了推缩在壳里的牛慢慢，“你先在这里吃着！我溜达一圈就来接你！”说完，童悦悦就要把它放在一株结着蓝色果实的植物上。

牛慢慢从壳里探出头，一看到眼前的植物，就大叫起来：“别放，别放，全是刺！”

听到喊声，童悦悦的手停在了半空中。他蹲下身来，仔细打量着墙角的这株植物。细长蜿蜒的枝条上，长着三角形的叶子、粉白的小花以及宝蓝色的果实，乍一看，非常美丽。但如果再细心一点，就会发现，它周身长满了细密的倒刺。童悦悦不觉倒吸一口冷气，还好牛慢慢及时发现，不然它可就要遭殃了！

这奇怪的植物怎么跑到小区里来了？得记录下来，给周围的邻居提个醒！于是，童悦悦把牛慢慢放到了草地上，跑回家拿来本子和笔，做起了自然笔记。他先画出了这株植物的整体样貌，然后，再把观察到的细节，一一画在旁边。这样，不论哪个人看了，都能对这株植物有全面而深入的了解，不会再像他先前那样，只看到它的整体外形，而忽略掉它身上细小的棘刺。

现在，有了这篇自然笔记的帮助，小区里的居民都知道墙角长着一株美丽而危险的植物。一位热爱大自然的叔叔认出了它，原来，这种奇怪的植物有一个更为奇怪的名字——“杠板归”！

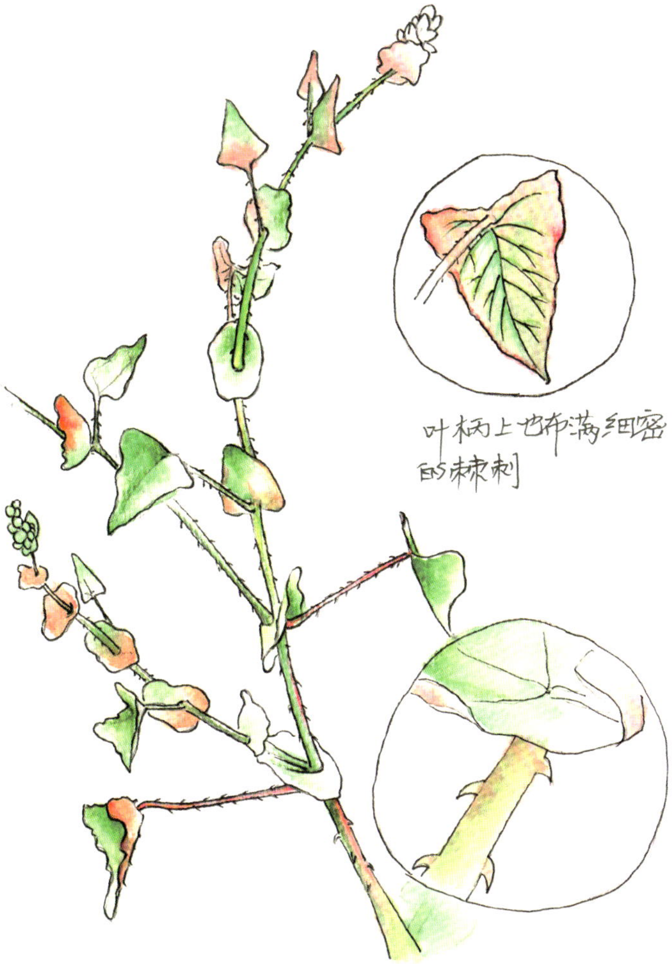

杠板归属于蓼科植物，茎上全是倒刺！羊妈差点一把摸了上去！

2019年10月5日，阴，18－27°C。福建省周宁县端源村村口。

各式各样的野草、野花让羊妈大开眼界，我希望镜头里的这些野生精灵永远与人类相伴。

美目眼蝶？

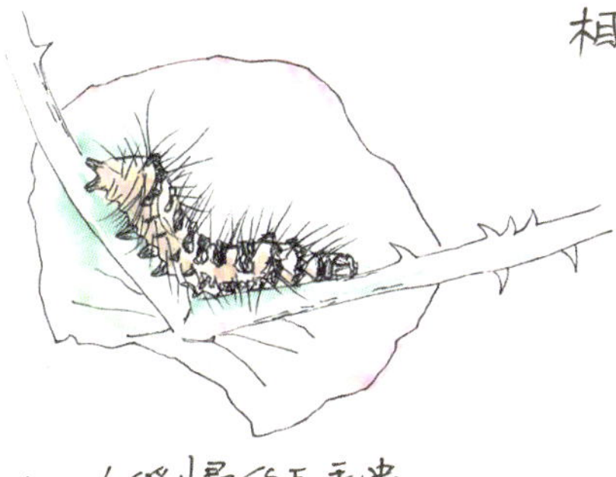

行动缓慢的毛毛虫，并不畏惧杠板归的棘刺。

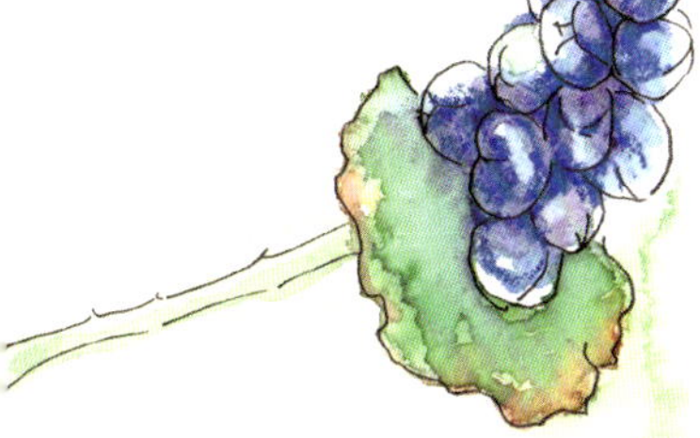

杠板归的果实像蓝宝石一样美丽，但茎上的刺很容易刺伤人的手。

刺蓼四棱形的茎上，长满了小倒刺。

一只蝽在花上小憩

刺蓼同属蓼科植物，拥有小巧可爱的花朵。

刺蓼正值花期，繁星点点，甚为迷人。

作者寄语

虽然是个男生，但我打小就喜欢花花草草。在老宅的石头墙缝里种虎耳草，把苔藓种到旧脸盆里，并摆弄出造型，这些都是我儿时最喜欢做的事情。我还喜欢兰花的幽香、栀子的洁白、指甲花的急性子……

羊妈则从小喜欢画画，小人书、动画片里各式各样的人物和风景，从来都是她学习绘画的好素材。老师也没少批评她，因为课本、作业本上，到处都留下了她的“大作”。

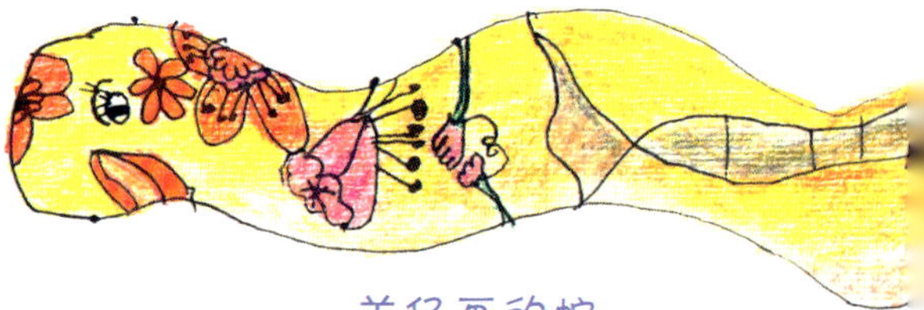

羊仔画的蛇

后来，我们有了羊仔。作为羊爸的我，希望羊仔能通过接触自然，强健体魄，学习科学知识；而羊妈则想让羊仔在大自然的怀抱里感受美，并愿意拿起画笔来描绘和创造美。于是，带上纸笔，我们出发了！

徜徉于山水之间，我和羊妈惊喜地发现，自然笔记实在是一位好老师和好伙伴！它不但为我们打开了一扇发现和探索自然奥秘的大门，还让羊妈和羊仔描绘出了一幅幅美丽的图画。

说不定，这种亲近自然的方法也适合你和你的家人。拿起纸笔到大自然里去，也许，你们很快就会爱上它！

叶建周　作者

毕业于福建农林大学林学专业，热爱大自然，上海市第 35 届“爱鸟周”自然实践活动——叶叔带你看大树的组织者。

王玉娟　作者

上海市宝山区顾村中心校中学高级美术教师，区学科带头人，曾获全国中小学美术教师基本功比赛二等奖、上海市教学评比一等奖等；主要作品有《树林里的魔法师》《非常规想象攻克写绘创意难关》等。

芮东莉　主编

文学博士，科普作家，国内自然笔记最早的倡导人之一；已出版《自然笔记：开启奇妙的自然探索之旅》、“点灯儿”自然观察绘本系列；作品曾获第九届文津图书奖、第四届中国科普作家协会优秀科普作品银奖，入选“2013 年度影响教师的 100 本书”，“国家新闻出版广电总局 2014 年向全国青少年推荐百种优秀图书”等。

吕永林　主编

上海大学中文系副教授，创意写作学科硕士生导师；著有《个人化及其反动》《销魂者考》，译有《创意写作教学：实用方法 50 例》，另有散文、随笔发表于“澎湃 · 湃客”、《新闻晨报》、《珠海特区报》等；2013 年与家人一同发起“家庭写作工坊”，推出《世上的果子，世上的人》《胡麻的天空》等图书。

沈佚 童悦悦和牛慢慢形象设计

上海市宝山区实验小学美术教师，宝山区动漫项目中心教研组成员。

修美玲 审读

中国农业大学园艺学硕士，上海植物园园艺高级工程师；专职从事植物科普和自然教育，目前负责上海植物园热带植物的养护管理和科学研究、园容管理等工作。

一起做
自然笔记吧！